U0301348

发现你孩子的财富基因

〔美〕罗伯特·清崎 〔美〕莎伦·莱希特 著

萧明 译

四川人民出版社

readers-club

北京读书人文化艺术有限公司
www.readers.com.cn
出　品

致中国读者的一封信

亲爱的中国读者：

你们好！

今年是《富爸爸穷爸爸》在美国出版 20 周年，其在中国上市也已经整整 17 年了。我非常高兴地从我的中国伙伴——北京读书人文化艺术有限公司（他们在这些年里收到了很多读者来信）那里了解到，你们中的很多人因为读了这本书而认识到财商的重要性，从而努力提高自己的财商，最终同我一样获得了财务自由。

我很骄傲我的书能够让你们获益。20 年后的今天，世界又处在变革的十字路口。全球经济形势日益复杂，不断涌现的“黑天鹅事件”加剧了世界发展的不确定性，人们对未来充满迷茫，悲观主义情绪正在蔓延。

而对于你们，富爸爸广大的中国读者来说，除了受世界经济的影响，还要面对国内经济转型的阵痛，这个过程艰苦而漫长。当然，为了成就这种时代的美好，你必须坚持正确的选择，拥有前进的智慧和勇气。这就需要你努力学习。

最后，我还是要说，任何人都能成功，只要你选择这么做！

罗伯特·清崎

富人教他们的孩子财商，
而穷人和中产阶级从不这样做。

——〔美〕罗伯特·清崎

出版人的话

转眼间，“富爸爸”问世已20余年，与中国读者相伴也已近20年。在中国经济和社会蓬勃发展的20年间，“富爸爸”系列丛书的出版影响了千千万万的中国读者，有超过1000万的读者认识了富爸爸、了解了财商。在“富爸爸”的忠实读者中，既有在餐厅打工的服务员，也有执教讲堂的大学教授；既有满怀创业梦想的年轻人，也有安享晚年的退休人士。“富爸爸”的读者群体之广、之大，是我们不曾预料到的。

作为一套在中国风靡大江南北、引领国人创业创富的财商智慧丛书，“富爸爸”系列伴随和见证了千万读者的创富经历和成长历程，他们通过学习财商，已然成为中国的“富爸爸”，这也是我们修订此书的动力。20年来，“富爸爸”系列也在不断地增加新的“家族成员”，新书的内容也越来越贴合当下经济的快速发展以及国内风起云涌的经济大潮，我们也在十几年的财商教育过程中摸索出了一套适合国内大众群体的“MBW”财商理论体系，即从创富动机、创富行为习惯、创富路径三方面培养学员的财商，增强大家和财富打交道的积极意识，提高抗风险的能力。

曾有一位来自深圳的学员告诉我，他当年就是因为读了《富爸爸穷爸爸》一书，并通过系统的财商训练，才在事业上取得了巨大的成功。难能可贵的是，成功后的他并没有独享财富，而是将自己致富的秘诀——“富爸爸”财商理念分享给了更多想要创业、想要致富、想要成功的人。

在“富爸爸”的忠实读者群中，类似的成功故事还有很多很多。在“富爸爸”的影响下，每一位创富的读者都非常乐意向更多的朋友传授自己从财商训练中获得的成功经验。

值此“富爸爸”20周年之际，作者的最新修订版再次契合了时代的发展、读者的需要。在经济金融全球化的发展与危机中，作者总结过去、现在和未来财富的变化与趋势，并重温了富爸爸那些简洁有力的财商智慧，在中华民族伟大复兴的新时代，“富爸爸”系列丛书将结合财商教育培训，为读者带来提高财商的具体办法，以及在中国具体环境下的MBW创富实践理论。丛书的出品方北京读书人文化艺术有限公司将从图书、现金流游戏、财商课程等多角度多方面，打造出一个立体的“富爸爸”，不仅要从财商理念上引导中国读者，更要在实践中帮助中国读者真正实现财务自由。读者和创业者可以通过关注读书人俱乐部微信公众号，来了解更多有关“富爸爸”系列丛书和财商学习的信息。

正如富爸爸在书中所说，世界变了，金钱游戏的规则也变了。对于读者和创富者来说，也要应时而变，理解金钱的语言、学会金钱的规则。只有这样，你才能玩转金钱游戏，实现财务自由。

读书人俱乐部

汤小明

目 录

导言
银行为什么不看学校成绩单

今天，教育比历史上的任何时代都更受重视。随着我们跨越工业时代步入信息时代，教育的价值在不断增加。问题是，你或你的孩子在学校所受的教育是否足以应对新时代的挑战？

在工业时代，你会选择去上学，学成毕业，然后开始你的工作生涯。世界的变化并不是很快，因此你也就不需要为了获得成功而不断地接受再教育。换句话说，你的学校教育就足以使你受用终生了。

今天，婴儿潮时期出生的几千万人正面临退休，然而许多人却发现他们所受的教育已无法满足新时代的需要。许多受过良好教育的人与几乎没有受过教育的人面临同样的经济窘境，这在历史上还是第一次。人们一次又一次地发现，要想胜任目前的工作，就不得不去接受再教育和各种培训。

你应当在什么时候检验你所受的教育是否成功

你应当在什么时候检验你所受的教育是否成功呢？是在你 25 岁左右拿到大学毕业证时，还是等到你 65 岁退休时？

2000 年 7 月 16 日，星期日，我们的地方报纸《亚利桑那共和报》发表的一篇文章公布了以下数据：“美国健康计划协会本月初的调查表明，大约70万老年人将被排除在健康维护组织（HMO）的医疗保险方案之外。”

这篇文章还提到，如果向老年人提供的医疗保险金额太高以致保险公司无利可图的话，老年人将无法再享受追加险。随着7800万婴儿潮一代在今后10年中陆续退休，老年人的医保问题将会日益突出。

健康、教育和福利金状况

美国健康、教育和福利部的调查研究表明，每100个65岁的人当中，1个富裕，4个小康，5个仍在工作，56个需要依赖政府或家庭成员的资助，其余34个则已死亡。

本书不打算谈那1个富人，我所关心的是那56个需要他人资助的人。我相信所有的人都不希望自己或自己的孩子让这个统计数字变得更大。

总有人对我说：“我退休后不需要太多的钱，因为到那时，我的生活费会减少。”生活费当然会有所减少，这是事实，然而，另一种费用——医疗保险费却会大幅度增加。这也是上面所提到的健康维护组织将老年人从有权享受医疗保险追加险的人群中排除出去的原因，因为老年人的这项开支太高了。相信几年后，舆论会有更多关于老年人生死问题的讨论。说得再直白一点，年老时，如果你有钱就能活下去，没钱就只能去见上帝。

问题是，难道这些老年人所受的教育不足以使他们应对晚年的财务挑战吗？

另一个问题是，面对当前这些老年人的困境，你应该让你的孩子接受怎样的教育？

这两个问题的答案如下：

第一个问题的答案是“不能”。而且如果这成千上万的老年人自己无法负担医疗保险费，你的孩子就不得不为他们承担该项费用。

第二个问题的答案是另一个问题：你的孩子所受的教育能否使他们获得足够的财务保障，从而使他们在工作生涯结束时，不会成为需要依赖政府的财务和医疗资助的56%之一？

规则在改变

工业时代的规则是上学，取得好成绩，找一份既安稳福利又好的工作，过一辈子。等你退休之后，公司和政府将照顾你的余生。

而在信息时代，规则发生了改变。现在的规则是上学，取得好成绩，找份工作，并为这份工作接受培训；找另一家公司，换新工作，再接受培训……这个过程就这么持续下去，与此同时，你还要祈祷自己能存下一大笔钱以应付你65岁以后的开支，因为你可能在65岁以后仍然身体不错。

工业时代适用的定律是爱因斯坦的$E=mc^2$定律[①]，而到了信息时代，适用的定律则是作为当代意识形态基础的摩尔定律，即信息量每18个月会翻一番。换句话说，为了跟上变化，你的知识每18个月就要更新一次。

工业时代的变化很慢，你在学校学到的知识在相当长的时间内都很有价值。而在信息时代，你掌握的知识很快就会过时。你所学的东西也许很重要，但远不及拥有快速学习、适应变化和掌握新信息的能力重要。

---

① $E=mc^2$是爱因斯坦的质能公式，E是能量，m为质量，c为光速，该公式阐述了能量与质量之间的转换关系，说明物质结构中蕴藏着极大的能量。

我的父母都是在大萧条的年代中长大的。对他们而言，工作保障就是一切，因此当他们说“要想找到一份安定、有保障的工作就必须去上学”时，声音里总是带着一丝恐慌。也许你还没注意到，虽然今天有足够多的工作机会，但面临的挑战是如何在现有的岗位上保证知识不过时，不会被淘汰。

从工业时代跨入信息时代，还有下列微妙但是意义重大的变化：

- 工业时代，雇主要对雇员退休后的生活负责。

信息时代，雇员要对自己负责。如果你在65岁以后陷入经济困境，那是你自己的问题，而不是公司的问题。

- 在工业时代，人越老越有价值。

在信息时代，人越老越没价值。

- 在工业时代，人们终生做雇员。

在信息时代，越来越多的人频繁跳槽。

- 在工业时代，聪明的孩子长大后成为医生和律师，能够赚很多钱。

在信息时代，赚钱最多的人是运动员、演员和歌星。而医生和其他一些专业人士挣的钱比工业时代少了许多。

- 在工业时代，如果你或你的家庭陷入财务困境，你可以依赖政府的救助。

在信息时代，我们只能越来越多地听到政客们信誓旦旦地要拯救社会保障计划和其他的政府保障计划。而我们心里都很清楚，当政客们发誓要拯救某样东西时，那样东西很可能已经不复存在了。

每当变化出现时，就难免会遇到顽强的抵抗。但近几年来，有许多事例表明，很多人已经意识到了在变化的时代机遇更多。

1. 正因为IBM的元老们未能预见到市场和规则将要发生的改变，微软的比尔·盖茨才成了世界上最富有的人。也正因为IBM的元老们在决策时没能及时察觉个中变化，毫不夸张地说，IBM的投资者损失了几十亿美元。

2. 今天，我们看到由20几岁的人组建的信息时代的公司收购了由40多岁的人经营的工业时代的公司，美国在线并购时代华纳就是一例。

3. 今天，一些人20几岁就成了亿万富翁，因为他们看到了40多岁的总裁们没有看到的机会。

4. 在信息时代，很多白手起家的20几岁的亿万富翁从来没有干过一份正式工作；与此同时，40多岁的人却不得不从头开始，为了胜任新的工作而接受再培训。

5. 据说，在不远的将来，人们将在网上自由竞争职位；希望在某一岗位上稳定地工作一年以上（已经相当安稳了）的人，不得不为了这份稳定而接受较低的工资。

6. 越来越多的大学毕业生不再寄希望于在大公司里找到好工作，而选择在宿舍里开始创办自己的企业。哈佛大学就设有一个专门的机构帮助学生创业——表面上看这是在帮助学生创业，实际上这是一种把优秀的学生留在学校里的策略。

7. 同时，我们了解到，美国最大的公司之一的一家超级公司的半数雇员工资都非常低，以致他们还得争取领取食物券的资格。那么当这些雇员年龄大得不能再工作时，又该怎么办？他们所受的教育适用吗？

8. 家庭教育已不再是可选择的边缘教育方式。今天，在家接受教育的儿童的数量正以每年15%的比例递增。

9. 更多的家长在寻找新的教育方式，如教会教育、华德福教育法或蒙台梭利教育法，它们都旨在将孩子从不能满足需要的陈旧的教育体制中解脱出来。越来越多的家长认识到，孩子的早期教育在其成长过程中与大学教育同等重要。

“超级营地”提供了一个短期密集培训的环境，采用最新的授课技巧在短时期内提高学生的能力，同时增强青少年的自信心。“超级营地”由学习论坛主办，网址为：www.supercamp.com。

10. 简单地说，信息时代所带来的巨大经济变革将极大地加深富人和穷人之间的鸿沟。对一些人而言，这一变化是件幸事；而对另一些人来说，这却是一场灾难；还有一部分人则认为，这些所谓的变化其实并没有改变什么。正如富爸爸所说的：“一些人在促使某些事情发生，一些人在旁观事情的发生，还有一些人在问‘究竟发生了什么事情？’”

教育比以往任何时代都重要

世界将以前所未有的速度发生变化，因此教育显得比以往任何时代都重要。有史以来第一次，在学校里成绩优异的人也可能与差生们面临同样的经济困境。有一个现象应该引起所有人的深思：当我们希望从银行获取贷款时，银行经理让我们出示的是财务报表而不是成绩单。其实银行经理们正在以他们的方式告诉你事情的真相。这本书同样要告诉你，你的孩子要想在未来的现实世界里获得个人成功和财务成功必须要了解哪些事情。

试回答：您的孩子在今天所受的教育是否足以应对他们今后的生活？

学校的教学体制是否能够满足每个孩子的个别需要？

如果孩子讨厌学校或在学校表现不好，你作为家长会怎么做？

好成绩能保证得到终生制职业吗？能实现财务成功吗？

孩子如果想要接受需要的教育是不是必须进入传统意义上的学校？

本书为谁而写

本书是为这样的家长而写的：他们已经觉察到世界的快速变化，并认识到现行的教育体制不足以满足孩子们的要求。本书适合那些想对孩子的教育产生积极影响，而不是将责任一股脑儿地推给学校的家长们。

本书将帮助家长为孩子们进入现实世界——孩子从学校毕业以后就必须面对的世界——做好准备。本书尤其适合下面这些家长：

想让孩子在少年时期就能初具经济头脑，且不用为此花费太多的家长们；

想让孩子的天分得到充分发挥、学习方式得到保护和尊重，并希望孩子能在离开学校后仍终生好学的家长们；

不喜欢学校或在学校学习有困难的孩子的家长们。

本书就是写给你们的。

本书结构

本书分为三个部分。

第一部分　描述了学校教育和财商教育的概况。已经看过我其他书的读者都知道，我有两个爸爸：一个是我的“富爸爸”，他实际上是我的好朋友迈克的父亲；另一个是我的“穷爸爸”，也就是我的亲生父亲。两位父亲都是他们所在行业的精英，他们让我受益匪浅。穷爸爸是一个教育家兼学术天才。我 9 岁那年成了学校的“问题少年”，我不喜欢学校里教的东西和老师的教育方法，我觉得那些我不得不去学的东西和我将来在现实生活里要用的东西压根儿就没有任何关系。

本书第一部分讲述的就是我聪明的穷爸爸是如何帮助我走过这段极其艰难的旅程的。如果不是穷爸爸，我很可能会因为成绩不及格而不得不退学，也就不会有大学毕业的那一天了。

在这个部分，也讲述了我的另一位爸爸——富爸爸帮助我完成的教育历程。富爸爸是一个财务天才，同时也是一位伟大的老师。我将介绍他是如何在我年少时就培养我以富人的方式思考问题的。由于富爸爸的指导，我在 9 ~ 12 岁期间就已经确信，无论我在学校的成绩如何，无论我能不能在毕业后获得高薪职位，我都能获得巨额财富。12 岁时我就明白了，我的学校教育与我达到财务自由之间关系不大。当我认识到不论自己在学校的表现如何都能成为富人时，我对学校的态度发生了变化。紧接着，本书的第二部分讲述了我的两个爸爸分别以怎样的方式帮我解决思想问题并指导我最终完成了大学学业。

第二部分 介绍了父母帮助孩子应对现实世界时可以采用的一些简单可行的办法，包括在学业和财务知识两方面的准备。该部分从我对学校的态度开始发生转变导致我几乎无法高中毕业讲起，让你了解富爸爸和穷爸爸如何把我留在学校，以及富爸爸如何把我学业上的失败转化为致富能力的过程。

在第二部分中，富爸爸向我解释了为何他的银行经理从不向他索取学校成绩单。富爸爸说："我的银行经理从不问我学习成绩怎样，他们只看财务报表。可是，大多数人在离开学校时，根本不知道财务报表是什么玩意儿。"他还说："每一个想过上有经济保障的生活的人，都必须了解财务报表是怎么回事。"当今世界，工作越来越没保障，要想让孩子获得终生的财务保障，就必须要让他们掌握一些财务技巧。

纵观现行教育体制，我们很容易发现，该体制主要致力于以下两个领域：

学校教育：培养学生的读、写和计算能力；

职业教育：培养医生、律师、水暖工、秘书等专业人员，让他们一走出校门就能去挣钱。

美国及其他一些西方国家在向其公民提供这两类基础教育方面是比较成功的。西方世界之所以今天能取得这样的成就，教育可谓功不可没。但问题是，就像我在前面提到的那样，规则已经改变了。在信息时代，我们需要更多新的教育类型，每个学生都需要接受富爸爸对我进行的另一类基础教育——财商教育。

财商教育：这是能够帮你把在工作中挣到的钱变成永久财富并实现财务安全的教育，是那70万老年人没有受过的教育。财商教育能够使你的孩子在日后的生活中避开财务陷阱，减少财务上的失败，并避免在努力工作、养育家小之后的晚年陷入财务困境。

银行经理不看你的成绩单，因为他们希望了解的是你离开学校之后的能力。他们想了解你的财商水平，而不是你在学校时的智商水平。显然，财务报表远比成绩单更能反映你的财商高低。

第二部分还举了一些简单而具体的例子，家长可以参考这些例子对孩子进行一些启蒙教育，使他们日后进入现实世界时能够认识工作和金钱方面的问题。

第三部分 介绍了一些教育方法上最新的技术性突破。这些方法将帮助家长发现孩子的学习能力和天赋，进而对孩子因材施教。同时，这一部分也有助于家长培养孩子的自主学习能力。

很多年前，爱因斯坦的一位老师曾挖苦他说：“你将一事无成。”

很多老师也都认为爱因斯坦头脑愚钝，因为他总是记不住东西。

多年后，当一位杰出的发明家提出掌握事实性的知识非常重要时，爱因斯坦表示不同意。他说：“一个人不需要上大学去学习事实性知识，这些知识通过读书就可以学到。大学教育的价值应当体现在培养人的思考方式上。”他还说：“想象力比知识本身更重要。”

有一次，一些记者采访爱因斯坦，其中一个人问道：“声音的速度是多少？”爱因斯坦答道：“我不知道，我不会用脑子去记一些能在书本中找到的信息。”

我遇到的每位家长几乎都认为自己的孩子天资聪颖。可是，一旦孩子们开始上学，他们的天分却很容易遭到埋没，不得不按照教育体制认为是唯一正确的学习方式来学习。穷爸爸和许多教育家都认识到，现行的教育体制并不能完全满足天赋各异的孩子们的需要。

遗憾的是，现行教育体制陷入了自相矛盾和陈旧理念的泥淖之中。当人们意识到应该尽快解决现行体制中存在的问题时，围绕在教育界周围的政治家与繁琐拖拉的例行公事，又阻碍了能充分发掘孩子天分的新改革方案融入现有体制的进程。

穷爸爸曾是夏威夷州教育厅的厅长，他致力于教育体制改革，却反被这个体制毁掉了。他后来对我说：“在这个系统中，有三种类型的老师和管理者。第一类人不遗余力地试图改变这个体制；第二类人拼命反对在该体制中作任何变动；第三类人对该体制变革与否漠不关心，他们想的只是职业保障和薪水。所以，现有体制多年来一直不能得到改变。”

小结

穷爸爸常说：“孩子最重要的老师是父母。许多家长对孩子说‘要好好学习，良好的教育非常重要’，可问题是很多说这句话的家长却不能在自己的生活当中身体力行——继续学习下去。”他还说：“孩子们更多通过观察而不是倾听来学习，孩子们总能发现他人在语言和行动上的不一致。”的确，孩子们乐于捕捉父母言行不一的地方。富爸爸也说：“行动胜过语言。如果你想成为好父母，请务必言行一致。”

如果你已为人父母，那么请允许我对你表示感谢，因为你对孩子的教育非常关注，并且对教育类书籍很感兴趣。许多家长虽然也认识到孩子所受教育的重要性，却很少翻开这类教育书。

第一部分
金钱是一种观念

当我还是个孩子的时候，就常常听富爸爸说："金钱只是一种观念。"他还会接着说："金钱能随你的心意而变化，如果你总说'我永远都不会变富'，那你可能真的永远也不会变富；如果你总说'我买不起'，那你可能真的会买不起。"

我聪明的穷爸爸谈到教育时也说过类似的话。

是否每个孩子生来都具备富有和聪明的潜质？很多人认为"是"，但也有很多人认为"否"。本书的第一部分写给那些保护孩子潜质的人们。

第1章
所有孩子天生就是富孩子和聪明孩子

我的两个爸爸都是非常棒的老师，也都非常精明，只是两个人的精明之处有所不同，教给我的东西也不一样。虽然他们两人之间差别很大，但是他们在对孩子的看法上却颇为一致，他们都认为所有的孩子生来就是聪明孩子和富孩子，只是在后来的成长过程中，有些孩子学会了做穷人，有些孩子学会了相信自己不如别人聪明。我的两个爸爸都是很棒的老师，因为他们坚信每个孩子都与生俱来地拥有各种天赋。换句话说，他们认为我们不应该对孩子进行“填鸭式”的教育，而应当发掘孩子们各自的天分，因材施教。

“education（教育）”一词源于拉丁文的“educare”，意思是“取出、抽出”。遗憾的是，我们中很多人印象中的教育都是冗长而枯燥的死记硬背——为应付考试而死记硬背。考试一结束，刚记住的东西马上就忘得一干二净了。之所以说两个爸爸都是伟大的教师，是因为他们从不往我的头脑中生硬地灌输他们的理念。他们很少说教，而会等我想要了解时自己去向他们请教。有时他们也会问我一些问题，以了解我的知识面，但从不简单地告诉我他们知道的事情。我的两个爸爸都是杰出的教师，我把自己能在他们的教导下长大视为我一生中最荣幸的事。

当然，两个妈妈也功不可没。我的妈妈对我的影响也非常大，她也是一位伟大的教师和我行为的楷模，她教会我无条件地去关爱、善待、照顾他人。然而她在48岁那年就不幸去世了。她年轻时就患上了风湿病，后来又因此引发了心脏病，所以她几乎与病魔抗争了大半生。她虽然重病缠身，却仍与人为善、关爱他人，这对我而言是极其重要的一课。许多次当我受到伤害想要重重地反击时，一想到妈妈，我就会提醒自己要与人为善……至今，我仍然日日温习妈妈的教诲。

我曾听人说，男孩子长大后娶的妻子多半像他的妈妈，我的经历的确如此。我的妻子金，也是一位心地善良、充满爱心的人。我为妈妈和金从未谋面而深感遗憾，否则她们一定会成为最好的朋友，就像金和她的妈妈那样。我理想中的妻子也应该是我事业上的伙伴，因为父母一生中最快乐的时光，正是他们在和平队共同工作的日子。我还记得当肯尼迪总统宣布创建和平队时，我的父母是如此激动，几乎迫不及待地希望成为其中的一员。当爸爸被派往东南亚培训基地担任主任时，他立刻接受了派遣并请求妈妈作为一名护士与他共同前往。我相信，那是他们婚姻生活中最幸福的两年。

我对好朋友迈克的妈妈并不太了解，但我经常去迈克家吃晚饭，所以也常常会见到她，但我仍不能说十分了解她。因为工作需要，我和迈克几乎所有的时间都和富爸爸待在一起，每逢此时，他妈妈就会抽出时间与其他的孩子待在一起，免得他们感到孤独、被冷落。每次去迈克家，他妈妈对我都很友好，对我们的事情也很关心。她可以说是富爸爸最默契的生活伴侣，他们都充满爱心、善良、乐于关心他人。虽然她不太爱说话，但她对我和迈克在学校和公司里学到的东西都很感兴趣。所以，尽管我不是很了解她，但我从她身上认识到了倾听别人的重要性，即使别人的观点与你相左，你也要允许他们发言并尊重他们的想法。她是一位善于以一种非常平静的方式与人沟通的人。

父母给我的教益

今天，单亲家庭的数量之多令我十分忧虑。同时拥有爸爸和妈妈这两位老师对我的成长有着极其重要的影响。举个例子来说，小时候我长得又高又壮，妈妈很担心我会利用体格的优势成为学校里的"小霸王"，所以她着力发掘我身上今天被人们称做"女性化"的性格因素。我说过，她善良、充满爱心，并希望我也能成为这样的人，我也的确做到了这一点。念一年级时，有一天，我拿着成绩单回到家，老师写在上面的评语是："罗伯特应该学会更多地维护自己的权益，他使我想起了费迪南德公牛（这恰好是妈妈在睡前最爱给我讲的故事，说的是一头叫费迪南德的大公牛不去与斗牛士打斗，而是坐在场地中闻观众抛给它的鲜花）。虽然罗伯特比别的孩子更高更壮，可是他们都敢欺负他、推搡他。"

妈妈看完成绩单后，感到十分震惊。爸爸回家看过这段评语之后，立刻变成了一头发怒的、而不是闻花的公牛。"你怎么看别的孩子推搡你这件事？你为什么要让他们推搡你？难道你是个胆小鬼吗？"他嚷着，似乎更在意对我行为的评语，而不是考试成绩。我向他解释我只不过是听从妈妈的教导，于是他转而对妈妈说道："小孩子们就像公牛一样，因此每一个孩子都应该学会如何与'公牛'相处。如果他们小时候没学会怎样与'公牛'相处，长大后就会经常受人欺侮。与人为善的确是与'公牛'相处的一种方式，然而如果你的善良根本不起作用的话，你就要出手反击了。"

爸爸转向我问道："别的孩子欺负你的时候，你有什么感觉？"

我的眼泪立刻涌了出来："我的感觉很不好，我觉得又无助又害怕。我不想去上学了，我想反击，但我又想当个好孩子，按你和妈妈希望的去做。我讨厌别人叫我'胖子'和'蠢猪'，讨厌被别人推来推去的，而且最讨厌自己只是站在那里忍受。我觉得我是个娘娘腔、胆小鬼，就连女孩子也笑话我，因为我只会站在那儿哭。"

爸爸转向妈妈，瞪了她一会儿，似乎是要让妈妈知道他不喜欢她教给我的这些东西。然后他问我："你想怎么做呢？"

"我想还手，"我说，"我知道我打得过他们。他们都是些爱欺负人的小流氓，他们喜欢欺负我，因为班里我的个头最大。因为我个头大，所以每个人都告诉我不要欺负别人，可是我也不想站在那里被别人欺负啊。他们认准了我不会还手，所以就故意在别人面前欺负我。我真想揍他们一顿，灭一灭他们的气焰。"

"不要揍他们，"爸爸平静地说，"但你要用其他方式让他们知道你不会再任由他们欺负了。你现在要学会捍卫自己的尊严，这是非常重要的一课。但你不能打他们，动动脑子想个办法，让他们知道你不会再忍气吞声了。"

我不再哭了，擦干了眼泪，心里好受多了，我觉得我的勇气和自尊又回来了。现在我已经准备好回学校了。

第二天，妈妈和爸爸被叫到学校。老师和校长看起来非常不安。当妈妈和爸爸走进办公室时，我正坐在角落的椅子上，浑身都是泥点。爸爸边坐下边问："发生了什么事？"

"是这样的，应该说是那群男孩子自己惹祸上身。"老师答道，"我在罗伯特的成绩单上写了那段话后，就知道会发生什么事情。"

"他打了他们？"爸爸担心地问。

"噢，没有。"校长说，"我看到了事情的全部经过。一开始是男孩子们去戏弄他，但这次罗伯特没有站在那里忍受欺侮，而是叫他们停止，可他们根本不听。罗伯特再三警告，那些男孩子却越发猖狂。于是，罗伯特转身回到教室，抓起他们的午餐盒，把里面的饭菜全部倒进了泥塘。当我穿过草坪跑过去时，男孩子们正在打罗伯特，但他没有还手。”

“那他在干什么？”爸爸问。

“在我赶过去制止他们之前，罗伯特抓住了两个男孩子，然后把他们也推到了泥塘里，所以他浑身都是泥点。我已经把那两个男孩子送回家换衣服了，他们浑身都湿透了。”

“可我没打他们。”我在角落里插嘴道。

爸爸盯着我，把食指放在嘴唇上，示意我不要说话。然后他转向老师和校长说：“我们回家后会妥善处理这件事的。”

校长和老师点了点头，老师接着说道：“我很高兴能够亲眼目睹过去这两个月里发生的所有事情。假如我不知道导致这次泥塘事件的历史原因，可能就会责备罗伯特。不过请你们相信，我会把那两个孩子和他们的家长叫来实事求是地说明此事。我不会原谅罗伯特把那两个男孩和他们的午饭扔进泥塘的行为，但我希望从今天起，男孩子们之间这种恃强凌弱的事情能够到此结束。”

第二天，那两个男孩子和我被叫到一起开会，我们各自承认了自己的错误，并握手言和。课间休息时，其他的孩子也走过来跟我握手，拍我的背，并祝贺我回击了那两个也欺负过他们的男孩子。我对他们表示感谢并且说：“你们也应该学会为自己的权利而战，如果做不到，就只能一辈子当个懦夫，被世界上那些恃强凌弱的人推来搡去。”如果爸爸听到我在说他教我的这番话，一定会非常骄傲。从那天起，我的一年级生活变得非常快乐。我找回了宝贵的自尊，赢得了全班同学的尊重，班里最漂亮的女孩也成了我的好朋友。更有趣的是，连那两个曾经欺负过我的家伙也和我成了朋友。我学会了用坚强赢得和平，而不是因为软弱而继续害怕下去。

在接下来的一周里，通过这次泥塘事件，我也从父母那里学到了一些宝贵的人生经验。晚饭时，泥塘事件成了我们讨论的热点。我知道了在生活中并没有所谓的正确或错误，我们可以做出自己的选择，只不过每种选择都会导致不同的结果。如果我们不喜欢某种选择或结果，就可以去尝试一种新的选择并获得新的结果。从这次事件中，我还知道了从母亲身上学到的善良和充满爱心，以及从父亲那里学到的让自己强大并适时反击都是非常重要的。我明白了如果一味地认为事情只有一种解决办法，非此即彼，就只会造成故步自封。就像给快要干死的树浇过多的水也会让树死掉一样，我们从一个极端转变到另一个极端的做事方式只会让事情搁浅。从校长办公室回到家的那个晚上，爸爸说："许多人只生活在非黑即白或者说非对即错的世界里。一些人会建议你'不要还手'，而另一些人会说'回击他们'，而生活中成功的关键应该是，如果你必须还手，就要准确了解还手的力度要多大。掌握还手的力度比简单地说'不要还手'或'回击'需要更多的智慧。"

爸爸经常说："真正的智慧是把握适当的分寸而不是简单地谈论对与错。"作为一个 6 岁的孩子，我从妈妈那里懂得了为人要善良、宽厚——但我现在知道我不应该太过善良和宽厚。从爸爸那里我懂得了人应该自强，但我也知道应该运用智慧，有分寸地运用我的力量。我常说硬币是有两面的，谁也没有见过仅有一面的硬币。但我们又常常忘记这个事实，经常认为自己这一面一定是唯一的或者正确的一面。当我们这样想时，我们可能聪明地明白了事情的真相，但也可能禁锢了自己的头脑。

我的一位老师曾说："上帝给我们的是一只右（right）脚和一只左（left）脚，而不是一只正确的（right）脚和一只错误的（wrong）脚。

人类就是在他们时左时右地犯错误的过程中进步的。自以为是的人就好比只有一只右脚，他们认为自己一直在进步，其实只不过是在原地打转而已。”

我认为，作为一名社会人，我们应当学会更聪明地认识自己的优缺点，既要利用自己女性化的一面，又要利用自己男性化的一面。我记得在20世纪60年代，每当学校里有哪个家伙激怒了我们，我们就会跟在他后面，用拳头回击他。我们总是先相互给几拳，然后扭打在一起，打累了就结束战斗。最糟糕的也只不过是撕破了衬衫或者打得鼻青脸肿，而且打斗之后，我们通常都会成为朋友。而今天的孩子生气后，往往只用“对与错”的思维方式去思考问题，于是他们拔出枪，射向别人——这类事件在男孩和女孩身上都时有发生。我们处在信息时代，也许孩子比他们的父母更加“世故”，不过我们都应该学会运用信息和情感让自己变得更聪明。我们应该向父母学习，因为面对如此丰富的信息，我们需要比父母一辈更聪明。

本书要献给那些想使自己的孩子变得更聪明、更富有、拥有更高财商的父母们。

第 2 章
你的孩子是天才吗

“最近有什么新情况吗？”我问一位几年未见的朋友。他立刻掏出钱夹，从里面抽出一张他 11 个月大的女儿的照片给我看，并且非常骄傲地说：“她可聪明了，我简直无法想象她学东西的速度竟然那么快！”之后的 20 分钟里，这位骄傲的父亲细致地讲述了出色的女儿正在学习的所有的东西，最后他意识到了自己的喋喋不休，抱歉地说：“对不起，可我实在忍不住为我女儿骄傲，我简直不敢相信，她太聪明了，学东西太快了，她一定是个天才。”

只有刚当上父母的人才会说这类骄傲的话吗？我可不这么认为，至少我的经验就能证明不是这样的。如果说我对所有自己观察过的父母都能得出一个共同的结论，那就是他们都对自己孩子学东西的速度之快感到吃惊。我所遇到的每个刚刚当上爸爸或妈妈的人都确信他们的孩子是世界上最聪明的宝宝，甚至是个真正的天才。对此我深表赞同，我认为所有的孩子生来都是天才，但在成长过程中，有些孩子的天赋得到了发挥，有些孩子的天赋却消失了，这些天赋不是被扼杀了就是转入了其他方面。

虽然我们夫妻俩没有孩子，但新生的婴儿总是令我们着迷。我喜欢看他们的眼睛，每当此时，我感到他们也在用好奇的眼神回望我。显而易见，孩子们学习的速度简直就是突飞猛进的。如果用量化的指标来形容，他们的知识就像是在以指数幂的方式增加。他们的知识库每一秒都可能翻一倍，所有进入他们眼睛的东西都是新奇而多彩的。这些新奇而多彩的东西进入他们的大脑数据库，没有经过任何编辑，也不附带任何条件，被毫无偏见地保存下来。他们吸收的这些知识和经验，被称为“人生”。

一天，我去一个朋友家，他正和3岁的女儿在游泳池里玩儿。当我朝游泳池走去时，他冲我喊道：“快看我女儿，她会成为奥运冠军的。”我望过去，只见小女孩正奋力地划着水，虽然她都快被水淹没了，却仍然不停地游向为她骄傲的爸爸。我屏住了呼吸，这个没带任何救生用品的小姑娘很难将头浮出水面换气，可她还是艰难地拍打着水面，向远远的等在对岸的爸爸游去。直到看到她爸爸将她抱在怀里，我才松了一口气。“真勇敢，你将来一定会成为奥运冠军的。”爸爸对女儿说，我心里也这么认为。

令我感到惊奇的是，就在一周前，这个小女孩还很怕水。当她爸爸把她带到游泳池边时，她哭个不停，而眼下她爸爸已经称她为“未来的奥运冠军”了。我认为，这是只有天才才拥有的突飞猛进的学习能力——每个孩子出生时都具备的学习能力。

我父亲相信所有孩子生来都是天才

我在《富爸爸穷爸爸》一书中提到过，我的亲爸爸在20世纪60年代末70年代初曾任夏威夷州教育厅厅长，后来他代表共和党竞选副州长失败，被迫辞职。我一直认为他的这个选择并不是最明智的。他想凭自己的良心做事，因为他对政府部门存在的腐败现象深感不安，也想努力去改变教育体制。他认为如果自己竞选成功，就能做一些事情来改变这个体制。当他得知自己可能无法获胜之后，就四处奔波，利用竞选的机会披露那些他认为应该予以纠正的事情。但正如我们所知道的那样，民众有时并不总是投票给那些最诚实、最清廉的候选人。

我始终认为穷爸爸是个学术天才。他同时也是一位求知欲很强的读者、一位很棒的作家、一位充满智慧的演说家和一位伟大的教师。在学校里，他一直是优等生并担任班长职务。他先于同班同学从夏威夷大学毕业，并成了夏威夷历史上最年轻的校长之一。他被斯坦福大学、芝加哥大学和西北大学邀请去做硕士研究生课题。20世纪80年代末，他被评为夏威夷州150年来在公共教育方面最优秀的两位教育者之一，并被授予名誉博士学位。尽管我称他为“穷爸爸”（因为无论他挣多少钱，总是入不敷出），但我仍以他为荣。他总是说：“我对钱不感兴趣。”他还说：“我永远不会变富的。”这些话最终变成了现实，实现了他的自我预言。

许多人读完《富爸爸穷爸爸》后都说：“我真希望自己在20年前就读过这本书。”还有一些人说：“你为什么不早点写出这本书呢？”我的回答是：“我要等父亲过世后再写。”出于对他的尊重，我等了5年，因为我知道如果他读了这本书，一定会受到伤害。但是在心灵深处我仍然认为，他提供了某种教训，我们每个人都可以从中有所领悟。

本书中的许多观点都来自我的亲爸爸，比如孩子该怎样学习，为什么孩子都天资聪颖，等等。下面这个故事讲的是我的一位同班同学，他从小就被认为是天才。其实这个故事也说明了我们每个人在某些方面都是天才。

你的孩子财商高吗

当你说一个人智商高时，你指的是什么？你自己的智商如何？拥有高智商能保证你获得成功吗？拥有高智商就一定能富有吗？

在我上四年级时，一天老师向全班同学宣布："同学们，我们应该感到骄傲，因为我们中间有一个天才。他是个非常有天分的孩子，他的智商很高。"然后她宣布我的一个好朋友安德鲁是她执教以来教过的最聪明的孩子。在那之前，"蚂蚁安迪"（安德鲁的绰号）只不过是班上的一个普通孩子而已。我们都叫他"蚂蚁安迪"，因为他个子很小，却架着一副厚厚的眼镜，看上去就像只小蚂蚁。从那以后我们就叫他"聪明蚂蚁安迪"了。

因为不知道"智商"是什么意思，于是我举手问老师："什么是智商？"

老师犹豫了一下答道："智商就是智力商数。"然后她用异样的目光扫了我一眼，好像在说："这回你总该知道什么是智商了吧？"

可我还是不明白，所以我又举起手。老师想装做没看见我，可最后她还是不得不转过身，拖长了腔调问道："这回你的问题又是什么？"

"嗯，您说智商就是智力商数，那么什么是智力商数呢？"

老师有点气急败坏了，她不耐烦地说："我告诉过你们，如果不明白某种东西的定义，就要查字典，现在把字典拿出来，自己去查。"

"好吧。"我笑着说，心想原来她也不清楚这个词的含义。如果她知道的话，她一定会骄傲地告诉全班同学。因为以前遇到她不知道的事情时，她也从不承认自己不知道，只是让我们去查字典。

在字典里找到"智力商数"（Intelligence Quotient,IQ）这个词后，

我大声地把它的定义读了出来："名词，用于表示一个人相关智力水平的数字，计算方法为，用通过一种标准测试得出的一个人的心理年龄除以生理年龄，再乘以 100。"我念完这段话后，抬起头说："我还是不懂到底什么是智商。"

老师显然是被激怒了，她提高嗓音说道："你不懂是因为你不想懂，如果你实在想弄懂，就自己去研究。"

"但是您认为这个很重要啊，如果您认为它重要，至少您应该告诉我们它是什么意思，还有它为什么重要吧。"我毫不退缩。

这时，"蚂蚁安迪"站起来说："我来给大家解释。"他从他的木桌后面"爬"了出来，走到教室前面，在黑板上写下了这个公式：

$$\frac{18\text{（心理年龄）}}{10\text{（生理年龄）}}\times 100=180\text{（智商）}$$

"人们说我是天才是因为我只有 10 岁，可是测试结果表明，我已经达到了 18 岁的智力水平。"

教室里安静了一会儿，同学们都在尽力理解刚才安迪写在黑板上的公式。

"换句话说，随着年龄的增长，如果你的学习能力没有提高，你的智商就会下降。"我说。

"这正是我要说的。"安迪说，"也许今天我是个天才，但假如我不努力，我的智商将逐年下降，至少这个公式表达的就是这个意思。"

"所以，你今天是天才，明天就未必了。"我笑着说。

"很有意思，但的确如此，可我也根本不用担心你能超过我。"安迪也笑着说。

"可以课后一试，"我还嘴说，"棒球场见，到时再看谁的智商更高。”随着我的笑声，全班同学都笑了起来。“蚂蚁安迪”是我最好的朋友，我们都知道虽然他很聪明，但他永远也成不了伟大的运动员。然而即使他从不曾击中或接住一个球，他仍是我们球队的重要一员，这就是朋友。

你的财商有多高

怎样测定一个人的财商呢？是看他的薪水有多高、净资产有多少，还是根据他汽车的型号、房子的大小来衡量呢？

很多年后，在“蚂蚁安迪”是否是天才的讨论过去很久以后，我问富爸爸他认为财商是什么，他不假思索地答道：“财商与你挣多少钱没有关系，它衡量的是你能留住多少钱，以及这些钱为你工作的努力程度。”

过了一段时间，他又补充了财商的概念。他曾说：“随着年龄的增长，如果你的钱能够不断地为你买来更多的自由、幸福、健康和人生选择，就意味着你的财商在提高。”他解释说，很多人随着年龄的增长挣到的钱越来越多，但是他们的钱买来的自由却越来越少——越来越多的账单剥夺了他们的自由。拥有越来越多的账单意味着这个人不得不为支付这些账单更加辛苦地工作。富爸爸认为这意味着低财商。他还说有些人挣很多钱，但钱并没有使他们变得更加快乐，这也是低财商的表现。“为什么要为钱工作而且不快乐呢？”他说，“如果你必须为钱工作，那么你应该找一份使自己感到快乐的工作，这才是高财商的表现。”

关于健康，富爸爸说：“太多人为钱拼命工作，这个过程无异于慢性自杀。为什么辛勤工作反而会牺牲家庭与个人的身心健康呢？这是因为他们财商太低。”他还说：“心脏病不是突然得的。心脏病和癌症之类的疾病一样，都是经历了漫长的过程才形成的。多数疾病是由长期缺乏锻炼、营养不良和心情不快乐造成的。这 3 种病因里，我认为不快乐是引发心脏病和其他疾病的最大诱因。可是有太多人认为辛勤工作远比寻找快乐、享受生活更重要。”

谈到人生选择方面的问题，富爸爸是这样说的：“我知道坐飞机的头等舱和经济舱的人能同时到达目的地，这不是我要讨论的问题。我要问的是，你有自由选择坐头等舱还是经济舱的能力吗？许多坐经济舱的人别无选择。”富爸爸在解释财商能向人们提供更多人生选择时，是这样说的：“金钱是一种力量，因为它能向你提供更多的选择机会。”随着阅历越来越丰富，富爸爸就越来越强调快乐。当他即将走到生命的尽头时，他拥有的金钱比他以前梦想的还多，但他反复强调：“金钱不能使你快乐，千万不要以为你有钱以后就一定会快乐。如果你在致富的过程中没有感到快乐的话，你富有之后也不会感到快乐。记住，不论你是贫是富，首先要让自己快乐。”

读过我其他书的朋友都知道，富爸爸从不用传统的财务手段衡量自己的财商，或者说，他从不将注意力放在他挣了多少钱、净资产有多少或者投资组合的规模有多大这些问题上。假如让我来说他的财商给他带来了什么，我会说那是自由。

他喜欢自由地选择工作或不工作、与谁一起工作，他喜欢自由地选购他想要的东西而不必担心价格太高。他热爱健康、快乐，他也有能力做出选择，因为他是自由的。他乐于拥有向信得过的慈善机构捐助的自由和经济能力。他没有抱怨政客，也没有对改变体制感到无能为力。相反，政客们都愿意接近他，并乐于询问他的意见（因为希望他为竞选捐款）。他喜欢这种控制他们的力量。“他们给我打电话，而我从不打给他们。每个政客都想拉穷人的选票，却从不想听穷人的心声，因为穷人支付不起。这真让人感到悲哀。”他说。

然而富爸爸最喜欢的还是金钱带给他的空闲时间。他愿意花时间去看着孩子们长大成人，去做他感兴趣的项目，而不必在意挣钱与否。所以富爸爸用时间而不是用金钱来衡量他的财商。他的晚年是最快乐的，因为他大部分时间都在花钱而不是存钱。似乎作为一名慈善家捐钱和作为一个资本家挣钱都让他感到同样快乐。他富有、快乐、慷慨地生活着，更重要的是，他生活得无拘无束，自由自在，这就是他衡量财商的标准。

智慧是什么

身为教育官员和天才教师的穷爸爸，也就是我的亲爸爸，曾做过“蚂蚁安迪”的家庭教师。安迪太聪明了，他应该去上高中而不是待在五年级。他的父母受到来自各方面的压力，大家都说安迪应该跳级，但他的父母认为他应该与同龄人待在一起。我爸爸也是个学术天才，他只花了两年时间就读完了 4 年的大学课程，所以他理解安迪的经历并尊重他父母的想法，在很多方面他们的意见十分一致，他们都认为学术年龄没有孩子的心理和生理健康重要。我爸爸同样认为安迪应该在心理和生理方面更加成熟而不是去和比他年龄大一倍的孩子一起上高中或者大学。于是，安迪除了继续和年纪相仿的孩子一起上小学外，还会来找我爸爸——夏威夷州教育厅厅长。他经常整个下午都跟着我爸爸学习。而我呢，则去富爸爸的办公室开始了我的财商教育。

现在回想起这段往事，我觉得非常有意思，两个爸爸都选择了花时间教育别人家的孩子。今天，我非常高兴地看到，依然有许多家长自愿教别人家的孩子体育、艺术、音乐、舞蹈、手工、商业技能等方面的知识，这使所有的成年人都成了某一方面的教师。而且作为成年人，我们是用行动来教育孩子的，而不是语言。当老师宣布安迪是高智商的天才时，她实际上也是在告诉我们，我们不是天才。我回家问爸爸他对智慧的定义，他简单地答道："智慧就是辨别细微差异的能力。"

我站在那儿想了一会儿，还是不太明白他的意思，于是就等着他作进一步解释。因为我知道爸爸是个称职的教师，他不会任我表情茫然地站在那里。果然，当他意识到我没弄明白他给出的答案时，就开始用10岁孩子听得懂的说法来讲解。

"你知道'运动'这个词的意思吗？"他问。

"当然知道，"我答道，"我就很喜欢运动。"

"很好，"他说，"足球、高尔夫球和冲浪之间有区别吗？"

"当然有呀，"我激动地说，"而且有很大的区别。"

"好的，"爸爸又恢复了老师讲话的方式，"这些区别就是我们前面说到的'差异'。"

"你是说'差异'实际上就是'区别'？"我问。

爸爸点点头。

"所以我能说出的事物间的区别越多，我就越聪明？"我问。

"没错儿，"爸爸答道，"所以你比安迪的运动智商高，而安迪比你的学术智商高。换句话说，安迪读书的能力强而你动手的能力强，所以安迪在课堂上学得很轻松，而你则在运动场上学得很轻松。安迪学起历史和自然科学来很快，而你学起踢足球和打棒球来很快。"

我静静地站了一会儿，爸爸是位好老师，他让我充分理解了"差异"的含义。最后，我回过神来说道："那么我可以通过玩游戏来学习，而安迪则是通过阅读来学习的。"

爸爸又点了点头。他顿了一下说："我们现有的学校系统主要关注学术天才，所以当我们说某人的智商很高时，往往意味着这个人有较高的学术智商。现在的智商测试法偏重于测试人的学术智商，或者说偏重于测试读写的能力。这样，从技术角度来看，高智商的人就是能够通过阅读快速学习的人，但这并不能衡量一个人的全部智力水平，因为这个智商测试法无法测量一个人的艺术智商、运动智商，甚至是数学智商，而这些都是不可或缺的能力。”

我继续说道：“所以当老师说安迪是天才时，只是说安迪通过阅读进行学习的能力比我强，而我通过动手进行学习的能力比他强。”

“是这样的。”爸爸说。

我又站在那儿想了一会儿，渐渐地开始了解这些新的信息对我来说是多么的有用。“那么我就要找到一种最适合自己的学习方式。”我说。

爸爸点点头说：“你仍然需要学习阅读，但很显然你通过动手进行学习比通过阅读学习的速度要快。从另一个角度来说，安迪的问题是他善于读书却不善于做事，也许他还会发现自己比你更难适应现实世界，但只要待在学术界或科学界，他就能做得很好，这也是他在棒球场上显得吃力的原因，也是他不善于跟别的孩子交谈的原因。所以我认为你和你的朋友让他继续留在球队里是件很了不起的事，你们在教他一些书本上学不到的东西——一些能在现实世界取得成功的非常重要的技能。”

“安迪是个不错的朋友，”我说，“但他宁愿读书也不愿去打棒球，我呢，则宁愿玩棒球也不愿读书。所以他在教室里学得更好，显得更聪明。但这并不能说明他真的比我聪明。他的高智商只能说明他是一个善于通过阅读来学习的天才，那么我也需要尽快找到一条最适合我的路，找到能够发现更多的差异的方法，我才能学得更快。”

分而增规律

我的学者爸爸笑了，“这就对了，找到能够迅速发现细微差异的方法，你就能学得很快了。同时你要记住自然界的分而增规律。”他接着说，“就像细胞通过分裂而不断增多一样，智力也是如此。当我们把自己的所知一分为二时，我们的才智也随之增加，如此这般，二分为四,四分为八……我们的才智就会成倍增长。这也叫‘量子学习法’，而不是直线学习法。”

我点了点头，明白了只要能找到最适合自己的学习方法，我就可以学得很快。“我刚开始玩棒球时，懂得的东西并不多。”我说，“但我很快发现了三击不中退场、本垒打、打点之间的区别，这就是你所讲的智力通过分化或发现细微差异从而得到了提高吗？”

“完全正确，”爸爸答道，“而且你玩的次数越多，你发现的新的、细微的差异就越多。难道你没有发现你学的东西越多，你玩得就越好吗？”

“是的，刚学打棒球时，我一个球也击不中，现在我已经学会了短打、长打、击平直球和本垒打。你知道吗，我今年已经击了 3 个本垒打了。”我骄傲地说。

“我当然知道。”爸爸说，“我真为你骄傲。你知道吗？很多人都不了解短打和本垒打之间的区别，他们对你刚才讲的这些东西没有任何概念，更别提玩了。”

“所以我的棒球智商很高。”我笑着说。

“是的，非常高，”爸爸说，“就像安迪的学术智商很高一样，可他不会打棒球。”

“你是在告诉我，”我说，“安迪也许知道短打和本垒打之间的区别，但是假如他靠打棒球维生的话，他将一事无成。”

“这就是仅以学术智商评价一个人的弊端。”我的教育家爸爸说，“通常学术智商很高的人在现实世界里过得并不是很好。”

“为什么会这样呢？”我问。

“这个问题我也没有找到答案，我想可能是因为老师们只关注知识本身，而不注重将知识转化为能力的缘故吧。我认为还有一个原因在于，老师们总爱惩罚犯错误的孩子，可是假如你害怕犯错误，就会什么事也不想做。教育界太看重做正确的事而又太害怕出错了。害怕犯错误，并且担心犯错误会让自己看起来很蠢，这种想法阻止了人们去采取行动，可我们毕竟是通过行动来学习的。谁都知道人类是在犯错误的过程中学习和进步的，但学校系统又在惩罚常常犯错的人。教育界的很多人都会告诉你，你需要去了解棒球，可他们自己根本不会打棒球。”

“所以当老师说安迪是天才时，并不意味着安迪就比我们强，是吗？”

“是的，”爸爸说，“在学校，他的阅读能力可以说达到了天才的水平，所以他学习起来的确比你们轻松。但在运动场上，你就比他学得快。这就是你需要了解的。”

“安迪拥有高智商，只能说明他通过阅读比我学得更轻松，但并不能说明我就学不会他所掌握的知识，”我有点刨根问底了，“换句话说，假如我想学，我也能学会，是吗？”

“是的。”爸爸说，“教育是一种态度。如果你对学习有一种正确的态度，你就能学得很好；如果你带着失败者的态度去学习，你就什么也学不会。”

我从书包里掏出一本又破又皱的棒球杂志。“我喜欢读这本杂志，我能告诉你所有球员的得分情况、平均击球数和薪金水平。可我一在教室里读这本杂志，老师就会把它没收。”

“老师这样做并没有错，”爸爸说，“只是她还应该鼓励你在放学后阅读这本杂志。”

我点点头。我现在终于明白安迪的智商高到底意味着什么了。最重要的是，我也知道了我怎样才能学得最好。那一天我知道了我通过先做后读的办法取得的学习效果最好。拿棒球来说，我玩的次数越多，就越想读一些相关的书籍。但是如果我碰都没碰过棒球，我也就没兴趣读这类书了。看来动手实践是最适合我的学习方法，也是今后我将终生使用的学习方法。如果我先尝试做某件事并发觉它很有趣的话，我就会很兴奋地阅读相关的书籍。可是如果我没有事先动手试过，或只能在书本上见到它，我真的就不会对它感兴趣，更别提想去读相关的书籍了。虽然那年我只有 10 岁，却在那一天学到了受用一生的东西。而且，此后我注意力集中的时间大大延长了。我戴上了棒球手套，握紧了球棒，走出门去寻找有关棒球运动的更细微的差异。我要提高我的棒球智商，对我而言，练习就是最好的学习方式。除此之外，我还知道，如果我不坚持训练，“蚂蚁安迪”就有可能取代我在球队中的位置。

正是由于身为教育家的爸爸对我进行了这样的教育，我才能够从高中毕业，并且在课程设置近乎严酷的军事院校挺了过来。通过这段谈话，我了解到虽然我的学术智商不高，但这并不能说明我不够聪明，它只能说明我需要找到一种最适合我的学习方法。如果没有了解到这极为重要的一点，我可能高中没毕业就辍学了，因为我觉得校园生活总是慢吞吞的，枯燥乏味，让人提不起兴趣。我对大多数必读科目都不感兴趣，但我发现了一种学习这些科目并顺利通过考试的方法。促使我继续留在学校念书的原因还有，我知道只有拿到大学学位，我才能开始真正意义上的教育。

有多少种不同的天赋或智能

早在 20 世纪 80 年代初，霍华德·加德纳写了一本名为《智能的架构——多元智能理论》的书。书中他列举了 7 种不同的天赋或智能[①]，它们是：

1. 语言智能　这种天赋或智能被现行教育体制作为衡量一个人智商高低的标准，它反映了一个人天生的读写能力。它是人们收集和使用信息最主要的方式之一，故而被人们认为是一种非常重要的智力形式。记者、作家、律师和教师多半拥有这种天赋。

2. 数学—逻辑智能　这是一种处理数字形式的数据的能力。显然，数学家就拥有这种智能，而一名训练有素的工程师则需要同时具备语言智能和数学—逻辑智能。

3. 空间智能　这是许多创造力很强的人拥有的天赋，如艺术家和设计师。一名建筑师需要同时拥有以上 3 种智能，因为该专业需要将文字、数字和创造性设计三者相结合。

4. 运动智能　许多伟大的运动员和舞蹈家都拥有这种智能，这也是很多在学校里成绩不太好的人拥有的智能。他们通常是通过行动进行学习的人，也可以说是“动手学习”一族。拥有此类天赋的人多成为机械师或进入建筑业，他们可能很喜欢木工课和烹饪课。换句话说，他们具有观察、感知和行动方面的天赋。设计赛车的人应具备以

---

① 霍华德·加德纳的“多元智能”理论还在不断发展。他在 1983 年《心智的结构》一书中提到了 7 种智能，后来他又补充了“自然观察者”智能。此处清崎引用了这 8 种智能中的 7 种。

上 4 种智能。

5. 内省智能 这种智能又被称为“情商”。比如说，当我们害怕或生气时自己如何调节。通常，一个人不能成功并不是由于缺乏知识，而是因为害怕失败。例如，有很多人学习成绩很好也很聪明，但是他们在现实生活中并没有取得他们理应取得的成就，就是因为他们生活在对犯错和失败的恐惧之中。很多人挣不到钱也是因为他们对赔钱的恐惧压倒了挣钱的快乐。

如果你希望自己的生活发生显著的变化，我推荐你阅读丹尼尔·高曼的《情商》一书。在书中，高曼提到了 16 世纪鹿特丹的人文学家伊拉斯谟。伊拉斯谟认为，感性思维的威力比理性思维大 24 倍。这个比例也就是：

感性思维：理性思维

24 ： 1

我确信，几乎我们每个人都有过情感战胜理智的体验，尤其是当我们由于太恐惧而失去理智，或者是当我们说了一些我们知道永远也不该说的话的时候。

我同意高曼的内省智能是所有智能中最重要的这一说法，因为内省智能能够控制我们对自己说怎样的话。我常对自己说一些特定的话，你也一样。

6. 人际交往智能 我们可以在那些能与人轻松交流的人身上找到这种智能。拥有这种天赋的人大多都是具有超凡魅力的传媒工作者、大歌星、传教士、政治家、演员、推销员和演讲家。

7. 自然观察者智能 具备这种智能的人总能与周围的事物融洽相处。他们天生具有护理树木、植物、鱼、海洋、动物和土地的能力。

拥有这种天赋的人会成为出色的农民、驯兽师、海洋学家和公园管理员。

自从人们发现了以上这些不同类型的天赋，并探讨了它们之间的差异后，又有 30 多种天赋被相继确认……相信我们对于天才的认识还会加深，因为我们一直在寻找更细微的差异。

在学校里失败的人

那些在学校里即使非常用功也学不好的人，通常缺乏很强的语言智能。他们不适合只是通过坐着听讲或阅读来学习，他们的天赋表现在其他方面。

我爸爸在语言方面颇具天赋，所以他书读得好，文章写得好，智商也很高；他还是一个很好的沟通者，这意味着他还拥有较强的人际交往智能。

富爸爸则拥有上面列出的第二类智能，即数学—逻辑智能。他在语言方面的能力属于中等偏下，我认为这也是他不愿意重返校园学习的原因。他不擅长写作和阅读，却是个极好的演讲家，而且他的交际能力也很强，手下有几百名很乐意为他工作的雇员。他从不害怕承担风险，这表明他的内省智能很高。换句话说，他对数字有敏锐的洞察力，敢于承担投资风险，而且还有能力创办人们乐于为之工作的公司。

我爸爸拥有很多种天赋，但害怕赔钱是他的软肋。当他试着创办自己的企业并把钱赔光时，他惊慌失措，就又掉头回去找了一份工作。一个伟大的企业家，尤其是当他在没钱的情况下创办企业时，必须具备的就是内省智能。

那些跌倒了又爬起来的人正是因为唤醒了自己的内省智能，或情商，才能做到这一点，这时人们称这种能力为“毅力”或“决心”；

当人们去做令自己感到害怕的事情时，正是在唤醒自己的内省智能，这时人们称之为“胆量”和“勇气”；当一个人犯了错误并运用内省智能去承认错误、表达歉意时，这种能力又被称为“谦逊”。

为什么一些人比另一些人成功

在研究泰格·伍兹的生活经历时，我很容易理解了他为什么会成为一名巨星。要成为一名成绩优异的学生，要被斯坦福大学录取，要成为最好的高尔夫球手，要成为一名有巨大影响力的明星，他必须同时具备上面列出的7种天赋。任何一个高尔夫球手都会告诉你，打高尔夫球赛不仅需要充沛的体能，更重要的是，它还需要非凡的内省智能。因此很多人都说，高尔夫球赛实际上是你与自己的较量。当你在电视上看到泰格时，你就知道为什么他的广告收入如此之高了。他收入不菲，因为他是一个极好的沟通者，当然这也意味着他的人际交往智能极高。他还是一个非常有吸引力、有说服力的明星，更是全世界数百万球迷心目中的英雄。正因如此，公司都争先恐后地请他来宣传自己的产品。

20世纪30年代末，卡内基研究所对成功人士的研究表明，技术专长在他们的成功因素中所占的比例不足15%。比如说，一些医生比其他的医生成功，并不一定是因为他们上了哪所好学校或者他们有多么聪明。我们也都知道，在学校里成绩很好也很聪明的人，到社会上并不一定能做得很好。当你了解了以上7种不同的智能之后，一个人成功或不成功的原因也就一清二楚了。也就是说，你还可以发现更细微的差异，这是智力的基础。

卡内基研究所的研究报告还指出，导致一个人成功的85%的因素应归结为“人事管理技能”。这种交流的能力和与人相处的能力比技术能力重要得多。

美国就业与培训局的研究证实了卡内基研究所的观点，他们调查了3000名雇主，询问他们“在雇用职员时最看重哪两项技能”，结果表明，排在前6项的技能为：

1. 良好的态度；
2. 良好的人际交往能力；
3. 工作经验；
4. 过去的雇主对该员工的评价；
5. 接受过多少培训；
6. 受过多少年的学校教育。

我们又一次发现，在决定你能否成功就业时，工作态度和人际交往能力被排在专业技能之前。

发现你的天赋，成为真正的天才

身为教育厅厅长的爸爸很清楚，我在学校里很难取得成功，他还知道，待在教室里听讲、读书和学一些无法动手实践的课程不是最适合我的学习方法。事实上，他常说：“我怀疑我的孩子们能否在学校里学得好。”他知道不能让所有的孩子都用同一种方式学习。我的一个妹妹是一位艺术家，她在色彩和图案方面有很高的天赋，她现在是一位商业艺术家。我的另一个妹妹是一位修女，她与周围环境相处得十分融洽，她喜欢与上帝的创造物和睦共处。我弟弟是个运动天才，他喜欢通过动手来学习、做事，给他一把螺丝刀，他就能修理东西。他还很善于与人沟通，喜欢与人交谈并能让他们互相帮助，我想这也是他后来很乐意在血站工作的原因。他善于使精神紧张的人平静下来，并鼓励他们献出鲜血拯救他人。我可以说拥有良好的内省智能，这能够帮助我克服恐惧并采取行动，因此我想成为一名企业家和投资家，同时这也是我加入海军陆战队并驾驶武装直升机奔赴越南的原因。我已经学会了如何战胜恐惧并把它转化为动力。

我爸爸非常聪明，他鼓励自己的孩子去发现各自的天赋并寻找适合自己的学习方法。他知道每个孩子都各有所长，天赋不同，学习方法也不同——虽然我们的父母是相同的。当他发现我对金钱和资本主义这些他毫无兴趣的东西感兴趣时，他就鼓励我去找能够传授我这方面知识的老师。这就是我在 9 岁那年开始向富爸爸学习的原因。虽然我的亲爸爸很尊重富爸爸，但他们在许多问题上意见不合。爸爸是一位教育家，他深知如果一个孩子对一门学科感兴趣，那么这个孩子就遇到了一个发掘自身天赋的良机。他允许我去学习自己感兴趣的课程，虽然他自己并不是特别喜欢这门课。当我在学校里拿不到好成绩的时候，他并没有烦躁不安，虽然他是这个教育体制下的官员。他知道虽然学校教育很重要，但并不能够发掘我的天赋。他知道如果孩子能学习自己感兴趣的课程，就能发掘自己的天赋并取得成功。他知道他的孩子们都很聪明，他不断地告诉我们，虽然我们在学校成绩不好，但这不能说明我们不聪明。他是一位出色的老师，他知道教育的真正意义是发掘学生的天赋，而不是盲目地向学生灌输知识。

保护孩子的天赋

我爸爸希望能够保护所有孩子的天赋，他知道学校系统只承认一种天赋，那就是语言天赋。他也知道学校有可能会扼杀一个孩子的独特天赋，尤其是当这个孩子由于学术智商低而被认为没有天赋时。他很担心我，因为我好动而且不喜欢慢节奏的、枯燥的课程。他知道我注意力集中的时间短，可能在学校里遇到麻烦。出于这种考虑，他鼓励我去参加各种运动并跟随富爸爸学习。他希望我能始终充满活力并能学到令自己感兴趣的课程，他希望我不必在智商不高的阴影下生活，从而能够保持一颗完整的自尊心。他也是这样对待我的弟弟妹妹的。

如果在今天，我可能会被认为患有“注意力缺陷障碍”(ADD)，而且会被强迫吃药，只为了让我能够老老实实地坐在座位上学习自己不感兴趣的课程。当人们问我什么是ADD或怀疑自己也患有这种病时，我告诉他们，我们中的很多人都患有这种病。因为如果不是这样的话，电视台就只会播放一个频道，而我们还是会坐在那里，傻乎乎地从头看到尾。今天，ADD也被称做“频道冲浪”，当我们厌倦了一个频道时，只需按一下遥控器，就可以接着寻找自己感兴趣的节目了。遗憾的是，学校里的孩子们可没这么自由。

龟兔赛跑

我爸爸非常喜欢那个古老的寓言：龟兔赛跑。他常对孩子们说：“学校里的有些孩子在某些方面的确比你们聪明，但别忘了龟兔赛跑的故事。”他还说：“有些孩子虽然比你们学得快，但这并不意味着他们就一定能胜过你们。假如你们能按照自己的速度坚持学下去，就能超过那些虽然学得快却不能坚持学习的人。”他又说：“在学校里成绩好的孩子并不意味着在现实生活中也一定会成功。记住，当你走出校门时，真正的教育才开始。”爸爸通过这种方式鼓励他的孩子们去做一名终生学习的人，而他自己也是这么做的。

你的智商会下降

生活是一种终生学习的体验，这一点我很清楚。就像兔子躺下去睡觉一样，一些人走出校门后也去呼呼大睡了。在今天快速变化的世界里，这么做的代价非常高昂。让我们再来看一下智商（IQ）的公式：

$$\frac{\text{心理年龄}}{\text{生理年龄}} \times 100 = \text{智商（IQ）}$$

根据上述公式，从技术角度来看，智商会随着年龄的增加而逐渐下降。因此，爸爸讲的龟兔赛跑的故事是确有其事的。当你赴高中同学会时，你总能看到“正在路边睡觉的兔子”。曾几何时，他们是公认的“最可能成功的人”——但他们没有成功。他们忘记了在走出校门以后还要继续学习、终生学习。

发现孩子的天赋

“你的孩子是天才吗？”我想是的，我希望你也这么认为。事实上，你的孩子可能拥有多种天赋。问题是，现行的教育体制只承认一种天赋。假如你的孩子所拥有的天赋不是为体制所认可的那一种，他就有可能认为自己很笨而不是很聪明。更糟的是，孩子的天赋可能被这个体制忽视或损害。我知道许多孩子认为自己不够聪明，因为他们常被拿来跟别的孩子比较。教育体制不是去发现每个孩子身上独特的天赋，而是简单地把他们放在同一个智商标准下去比较。在心理和情感上都认为自己不如别人聪明的孩子，在走出校门之前就已经背上了沉重的包袱。家长应该在孩子小的时候就辨别出他的天赋，鼓励他发挥天赋并避免受到“单一天赋”教育体制的限制，这一点至关重要。正如我父亲对我们说过的那样：“我们的教育体制只适合一部分孩子，遗憾的是，所有的孩子都在这个体制下接受教育。”

当有人问我是否认为所有的孩子都很聪明时，我说：“我从没见过一个对学习不好奇、不兴奋的婴儿；我也从未见过一个被告知必须要学习说话和走路的婴儿；我更没有见过一个在学走路时摔了跟头的孩子拒绝再爬起来，还趴在地上说‘我又失败了，我永远也学不会走路了’。我只见过不断地摔倒又不断地爬起来，最后终于学会站、走和跑的孩子。孩子是天生对学习充满热情的生命。遗憾的是，我却碰到过太多厌倦学校的孩子，以及离校时带着愤怒、挫败感甚至发誓再也不回学校的孩子。”

显然这些孩子在经历自己从出生到学校教育结束这段过程中，遇到了一些埋没他们热爱学习的天性的事情。我爸爸说过：“父母最重要的工作就是保护好孩子的天赋和学习热情，尤其是当孩子不喜欢学校的时候。”如果我没有接受爸爸这样的教育，我可能在高中毕业之前就离开学校了。我在这本书中用了相当多的篇幅介绍我聪明的爸爸如何保护我对学习的热情。虽然我不喜欢学校，但我还是留在了学校。虽然我从来不是学校里的天才，爸爸却一直鼓励我发掘自己的天赋，从而保护了我对学习的热情。

第3章
给孩子力量——在给他金钱之前

一天，我的同班同学里奇邀请我去他家的海滨别墅度周末，我兴奋不已。里奇是学校里最酷的男孩，每个人都想和他交朋友。现在我很荣幸地被邀请去他家的海滨别墅，这栋别墅坐落在离我家约48千米远的一个幽静的住宅区。

妈妈帮我把行李收拾停当，里奇的爸妈来接我时，妈妈又向他们表示了感谢。我简直不敢相信，里奇有自己的游艇，他还有许多好玩的玩具。我们从早玩到晚，乐此不疲。当他父母把我送回家的时候，我晒得黝黑，精疲力竭，而且异常兴奋。

在接下来的几天里，不管是在家还是在学校，我挂在嘴边的全是在海滨别墅度假的事情。我不厌其烦地讲述着趣事、游艇、精美的食物，还有美丽的海滨别墅。到了星期三，全家人都厌倦了听我谈论我的海滨周末。星期四的晚上，当我问爸妈我们是否也能买一栋与里奇家的海滨别墅相邻的别墅时，爸爸终于爆发了，显然他已经听够了。

“整整4天了，全家人的耳朵里全是你在里奇家的海滨别墅过的那个周末，我已经听够了。现在你居然还想让我们也买一栋海滨别墅，你知道吗，这是在挑战我的忍耐极限。你以为我会造钱吗？我们不买奢华的海滨别墅是因为我们买不起，我还付不清账单、买不起桌子上的食物呢。我起早贪黑辛辛苦苦地工作，都还摆不平那些账单，现在你竟然还要我买海滨别墅、买游艇。好了，我现在告诉你我买不起。我不如里奇父母那么有钱，我只能勉强供你吃穿。如果你想过里奇那样的生活，就搬去和他们一起住好了。”

夜深了，妈妈来到我的房间，轻轻关上了房门。她的手里，拿着一摞信封。她坐到我的床边说：“你爸爸的经济压力很大。”

我躺在黑暗的房间里，仰望着母亲，心中波涛汹涌。当时只有9岁的我，无比悲哀、震惊、气愤和失望。我并不是故意要让爸爸心烦，我也知道家里的经济状况十分拮据，我只是想跟家人一起分享一些快乐和美好的生活—— 一种金钱能够买到的生活，一种我们渴望已久的生活。

妈妈让我翻看账单，很多账单上都有红色的数字。“我们的银行账户已经透支了，可还有这么多账单要付，其中有些账单已经超期两个月了。”

“妈妈，我知道了。”我说，“我不想烦爸爸，我只是想给你们讲一些有趣的、快乐的事，我只想和家人一起分享有钱人的生活。”

妈妈轻轻用手抚摸着我的前额，将我的头发慢慢向后梳理：“我知道你是好心，我也知道这件事使家里人最近的心情不太好，但我们现在确实经济紧张，我们不是富人而且可能永远也做不了富人。”

“为什么呢？”我问，希望得到一些解释。

“我们的账单太多了，你爸爸挣不到那么多钱，另外，你奶奶也来信问我们能不能寄些钱帮衬一下他们。你爸爸今天刚收到她的信，他很担心，你奶奶家的日子也过得很紧张。我们买不起里奇父母买的那些东西。”

“可是为什么呢？”我问。

“我也不知道为什么。”妈妈说，“我只知道我们买不起，我们不是他们那样的有钱人。现在闭上眼睛睡觉吧，明天一早你还得去上学。如果你想让自己的人生成功，你就要接受良好的教育。得到了良好的教育，你也许就能像里奇的父母一样富有了。”

“可爸爸就受过良好的教育，你也是。”我反驳道，“可我们为什么不富有？为什么我们只有这么一大堆账单，我真的不明白。”

“别担心，儿子，别担心钱。我和你爸爸会处理好的。你明早还要上学，好好睡吧。”

20 世纪 50 年代末，我爸爸不得不放弃他在夏威夷大学攻读硕士学位的计划，因为他有太多的账单要付。他原计划待在学校里再拿一个教育学博士学位，可他有妻子和 4 个儿女要养活，账单总是堆得老高。接着妈妈病了，我和两个妹妹也病了，弟弟从高处摔了下来需要住院治疗。唯一不用住院治疗的人就只剩下爸爸了。于是他放弃了自己的学业，举家迁到了另一个岛上，并担任了夏威夷教育厅厅长助理，从此开始了他的职业生涯。后来，他接任了厅长一职并搬回了火奴鲁鲁[①]。

这就是我们家有那么多账单的原因。我们要花很多年来付清一批账单，可刚付清一批账单，就会发现又欠了别的什么钱，这又重新把我们拉回了债务堆里。

当 9 岁的我遇到里奇这样的同学以后，才知道我的家庭和许多同学的家庭有很大的区别。在《富爸爸穷爸爸》一书中，我讲过因为我家住在几乎都是富人的街道这一侧，所以我意外地进入了富人家的孩子上的小学，而不是中下阶层家庭的孩子上的小学。一方面家里的债

① 火奴鲁鲁，即檀香山，美国夏威夷州的首府和港口城市。

务堆积如山，一方面又结交着富家子弟，这对只有 9 岁的我来说，无疑是人生道路上的转折点。

要挣钱一定先花钱吗

我常被问到的一个问题是："不是要用钱才能挣到钱吗？"

"不是的。"我回答，"金钱来自你的观念，因为金钱本身就是一种观念。"

我常被问到的另一个问题是："假如我没钱投资，该怎么办？我的账单还没付清呢，怎么去投资？"

我的回答是："我建议你做的第一件事就是别再说'我买不起'这样的话。"

我知道很多人不满意我这个答案，因为人们都在寻找能够快速挣到钱的答案，这样他们就能投资，就能过上好日子了。而我希望他们了解的是，他们具备那种能力和力量来获得他们想要的金钱——如果他们真的想有钱的话。但这种力量在金钱本身当中找不到，也无法从外界获得，它只存在于每个人的观念当中，与钱无关。好在获得这种力量不需要花钱，只需要主动改变一些观念。改变观念，你就能获得控制金钱的力量，而不是任由金钱来控制你。

富爸爸常说："穷人之所以穷是因为他们固守穷人的观念。"他还说："大多数穷人都从他们的父辈那里继承有关金钱和生活的观念，因为学校根本不教有关金钱的知识。于是这种关于金钱的错误观念世代相传。"

我曾在《富爸爸穷爸爸》一书中写到，富爸爸给我上的第一课就是"富人不为钱工作"，他告诉我要让钱为我工作。在我 9 岁的时候，我还弄不明白为什么里奇家比我们家富裕。几年后我才明白，里奇的父母知道应该怎样让钱为他们工作，而且他们向孩子传授了这方面的知识。所以今天，里奇仍是个富人而且越来越富有。无论何时见面，我们都是最好的朋友，我们的友谊和40年前一样深厚。也许我们每5年才能见上一面，可每次见面都仿佛昨天还在一起一样。我现在知道为什么他家比我家富有了，我也看到了他如何向他的孩子们传授这些知识。我看到他传授的不仅仅是“如何”挣钱，更是一种控制金钱的力量。正是控制金钱的能力——而不是金钱——使人们富了起来。我想通过本书向你传授控制金钱的力量，让你也能将这种力量传授给你的孩子。

在《富爸爸穷爸爸》一书中，富爸爸拿走我每小时10美分的工钱的故事在读者中引起了强烈的反响。也就是说，富爸爸让我无偿为他工作。一位医生朋友在读完此书后给我打电话说：“当我看到富爸爸让你无偿地为他的商店码放罐头盒时，我全身的血液都沸腾了。我知道你想说什么，但我不同意，这太残忍了。你必须付钱给别人，你不能要求别人无偿地为你工作，尤其是在别人需要挣钱的时候。”

富人不需要钱

富爸爸拿走我每小时10美分的工资，是为了让我找到控制金钱的力量。他想让我知道我没钱也能挣到钱，他想让我发现创造金钱的力量，而不是一味地去为钱工作。富爸爸说：“如果你不需要钱，你就会挣到很多钱。需要钱的人永远不会变得富有，正是这种需要削弱了你的力量。你必须努力工作并学会不需要钱。”

他给其他孩子零花钱，却从不给他的儿子迈克零花钱，他也不因为我们为他工作而付钱给我们。他说：“给孩子零花钱就是在教孩子为钱工作而不是去创造钱。”

我并不是说你应该让你的孩子白干活，也不是阻止你给孩子零花钱。我不会不自量力地教你去对孩子说些什么，因为每个孩子都不一样，具体情况也各不相同。我要说的是，金钱来自观念。如果你真的想培养孩子的财务头脑，就要警觉你和你的孩子所持的观念。有句尽人皆知的俗话，“千里之行，始于足下”，其实更准确的说法应该是“千里之行，始于去行的想法”。可是在钱的问题上，很多人却固守穷人的观念——限制自己人生发展的观念来开始生活旅程。

什么时候该教孩子认识金钱

经常有人问我：“我该在孩子几岁时教他有关金钱的知识？”

我的回答是：“当孩子对钱感兴趣的时候。我有一个朋友，他有一个 5 岁大的儿子。假如我拿一张 5 美元的钞票和一张 20 美元的钞票问他想要哪张，你们猜他会要哪张？”问我问题的人总会毫不犹豫地回答：“20 美元那张。”我说：“没错儿，看来即使是 5 岁的孩子也知道 5 美元与 20 美元的差别。”

富爸爸拿走我每小时 10 美分的工资是因为我让他教我如何致富，他并不是只教给我和金钱有关的东西。而我只想学习如何致富，并不想学关于金钱的知识。而这两者之间是有区别的。假如一个孩子并不想学习如何致富，很显然课程就不同了。富爸爸给他其他的几个孩子零花钱，其中一个原因就是他们对致富不感兴趣，所以他给他们上的有关金钱的课也就不同。虽然课程不同，富爸爸仍要教给他们控制金钱的力量，免得他们把一生都浪费在对金钱的需求上。正如富爸爸所说的：“你对金钱的需求越多，你的力量就越弱。”

9 ~ 15 岁之间

很多教育心理学家都告诉我，9 ~ 15 岁这一年龄段在孩子的成长过程中至关重要。心理学并不是一门很精确的自然科学，所以不同的专家有不同的说法。我不是儿童教育专家，所以把我说的话作为一个普通的指导意见就可以了，不要把它当成专家的建议。一位儿童教育专家曾和我交流过，大约从 9 岁起，孩子们开始与父母观点不一致并寻求自己的观点。我知道我自己就是这样的，因为我正是在 9 岁那年开始跟随富爸爸工作的，那时我想脱离父母的世界，所以我需要一种新的身份。

另一位专家说，在这个年龄段，孩子们会发展出各自的被这位专家称为“赢配方”的东西。这位专家把赢配方描述为孩子们在社会中生存和取得成功的最好方法。我知道在我 9 岁时，学校不是我的赢配方的组成部分，尤其是当我的朋友安迪而不是我被宣布为天才时。我认为我最有可能成为体育明星或者富人，而不是像安迪和我爸爸那样在学术上很成功的人。换句话说，假如一个孩子认为他在学校里的成绩很棒，他的赢配方很可能就是待在学校并拿到很高的学位；假如他在学校里成绩不太好，或者不喜欢学校，他就会去寻找其他的配方。

这位专家在赢配方这一问题上，还发表了一些著名的观点。他说，当孩子实现成功的赢配方与父母不一致时，他们之间的矛盾就会产生。当父母们想把自己的赢配方强加给孩子而不是首先尊重孩子的想法时，家庭问题也就出现了。因此，父母需要密切关注并用心倾听孩子的赢配方。

在本书的后面部分，还会更多地谈到孩子的赢配方的重要性。但在我们继续谈给孩子控制金钱的力量之前，我想还有必要提醒父母们注意一些事情。

这位专家还说，当许多成年人意识到，他们在孩提时代获得的赢配方并没有给他们带来成功，这让他们陷入了很深的痛苦之中。许多成年人会另找一份工作或者另换一种职业，还有一些人试图继续运用这个配方，即使他们已经认识到它的确不管用。另外还有一些人感到非常沮丧，他们觉得自己的人生很失败，而没有认识到是他们的赢配方阻碍了他们的成功。换句话说，对自己的赢配方满意的人，一般都很快乐；当人们厌倦了自己的赢配方，或者他们的赢配方不再带给他们成功，又或者当他们意识到这个配方无法达到目标的时候，就会变得很不开心。

爱尔·邦迪的赢配方

有一个例子很好地说明了有些人在生活中还在使用已经不再起作用的赢配方。那是一部名叫《奉子成婚》的电视喜剧。刚开始我很讨厌这部电视剧，不愿意看它，但现在我认识到我讨厌它是因为它太贴近生活。对那些不太熟悉这部电视剧的人，我想简要介绍一下它的剧情：男主角爱尔·邦迪上高中时是橄榄球明星，他在一场关键的比赛中为波尔克高中连续4次触地得分，因而名声大噪。他妻子是当时的校花，漂亮、性感构成了她的赢配方的很大一部分。因为邦迪是橄榄球明星，于是她从众多的追求者中选中了他。不久她怀孕了，于是他们结婚了，这部剧也因此得名。20年后，邦迪在一家鞋店当售货员，他依旧沉浸在4次触地得分的回忆中，仍然按照一个橄榄球明星的方式来思考、行动和说话。他的妻子则仍然打扮成高中时代年轻性感的样子，待在家里看电视。他们的两个孩子又分别效仿了他们的父母。

我觉得这部电视剧很滑稽，同时它也使我认识到我身体里也有一个“爱尔·邦迪”。我发现我就一直生活在橄榄球场和海军陆战队的辉煌经历中。在我为自己和邦迪感到好笑的同时，也看到现实生活中还有许多爱尔·邦迪和他的妻子。这部喜剧实际上是一个阻碍人们成功的赢配方的实例。

有力的赢配方

在金钱方面，许多人使用的是一个毫无力量可言的赢配方。换句话说，人们经常给自己开出有关金钱的“输配方”，之所以称之为输配方，是因为它没有什么力量。看起来似乎很奇怪，但有的人的确开出了一个让自己赔钱的输配方，因为这是他们知道的唯一的金钱配方。

例如，最近我碰到一个人，他对自己现在所从事的职业深恶痛绝。他替他父亲经营一家汽车专营店，收入可观，但他并不快乐。他讨厌成为父亲的雇员，不愿让别人知道他是老板的儿子，可他仍然待在那里。当我问他为什么不选择离开时，他唯一的回答是：“我觉得我没有能力自己开一家福特汽车专营店，所以我想我最好还是坚持到老头子退休吧。况且我现在挣的钱也不少了。”他的赢配方是挣钱，但他不敢去证实，如果他能打破这种安稳去自主创业的话，将会多么有力量。

另一个遗失赢配方的人是我一位朋友的妻子，她非常喜欢自己的工作，但收入并不理想。对此，她不是去通过学习新技能来提升配方，而是在周末去打零工并没完没了地抱怨自己没有时间照顾孩子。显然，她的配方是：“在我喜爱的岗位上努力工作并忍耐一切。”

找到创造赢配方的力量

父母最重要的职责之一就是帮助孩子创造真正能赢的赢配方，而且父母还应该注意，在做这一切时，不要干涉孩子的自我发展。

最近，我们这个城市很有名的一位牧师打电话给我，问我能不能去他的教堂演讲。我去教堂的次数时多时少，很不规律。我的家人常去卫理公会教堂，但我从 10 岁开始就常常去别的教堂。这样做是因为我当时正在学习美国宪法，对其中政教分离和宗教自由的提法很感兴趣。于是在学校里，我会问我的同学们会去哪所教堂，然后独自去那里。这使我妈妈不太高兴，于是我告诉她宪法没有限制我的宗教自由。几年中，我去过了我所有的同学去过的不同的教堂。我去过装饰华丽的教堂、简单朴素的教堂、设在人们家里的教堂，甚至还去过一个只有 4 根柱子、一个锡制房顶、没有墙壁的教堂。坐在教堂里被倾盆大雨淋得浑身湿透真是一段令人难忘的经历，那一刻我确实领悟到了某种精神。

我甚至还去过许多其他宗教派别的教堂或庙宇，如路德教、浸信会、佛教、犹太教、天主教、伊斯兰教和印度教。我还想去更多的教堂，但我所在的城市太小了，我很快就逛遍了那里所有的教堂。这真是一段令人愉快的时光。但到了 15 岁，我对教堂的兴趣开始减退，也就去得越来越少了。

所以当汤姆·安德森牧师邀请我到他的教堂作特邀演讲时，我为我去教堂的记录感到既高兴又脸红。当我告诉他有很多人比我更适合去教堂演讲时，他说：“我不是让你去讲宗教知识，我想让你谈一下你在金钱方面的经验。”

听到这里，我靠在摇椅里忍不住咧开嘴大笑了起来，根本不敢相信自己的耳朵。我说：“你想让我去你的教堂谈金钱？”

“是的，”他有点不解地笑着回答，“我的请求让你感到奇怪吗？”

我又呵呵地笑了起来，并重复了我的问题：“你想让我去你的教堂，站在你常站的圣坛上，对你的教徒们讲金钱？”

这位牧师又一次答道：“是的，有什么奇怪的吗？”

我笑着坐在那里，怎么也想不明白这个有名的牧师，这个拥有1.2万名教徒的牧师到底想让我干什么。“因为我在教堂里了解到，喜欢金钱是罪恶的，我还知道穷人比富人更容易上天堂。在教堂里有关于骆驼、富人和针眼的训示[①]，可我从来都不理解这些训示，而且我也不喜欢它们，因为我打算成为一个富人。这就是我对你让我去教堂宣讲如何致富感到奇怪的原因。”

这时牧师在电话线的那头也笑了。“嗯，我不知道你都去过哪些教堂，”他说，“但那些地方一定没有我在我的教堂里传授的内容。”

“难道还真有一些宗教组织不向人们宣讲金钱就是罪恶这一观念？”我问，“难道有不认为穷人比富人更容易上天堂的牧师吗？”

“是的，的确是这样。”牧师答道，“不过不同的教堂教的东西是不一样的。在我的教堂里我从不教人们认为‘金钱是罪恶的’，我所知道的是，上帝对富人和穷人一视同仁。”

汤姆·安德森牧师阐明他思想的同时，我想起了我自己去教堂的经历，以及我因为想变富而经常背负的罪恶感。也许是我诠释教义不准确，也许是由于我对金钱的热爱而导致的负罪感使我接受的信息失真，换句话说，因为我有犯罪感，所以我只听到了让我产生犯罪感的信息。当我询问汤姆牧师我的理解是否正确时，他说的一句话又使我陷入了沉思。他说：“有时，1盎司[②]的感性认识要用1吨的教育去改变。”

---

①《圣经》里提到，富人上天堂比骆驼穿过针眼还难。

② 1盎司约为28.35克。

这句充满智慧的话一直回荡在我耳边，他说的这些话让我思考了很长一段时间。3 个月后，我向他的教徒们作了一次演讲。这一次有幸站在教堂的圣坛演讲的经历，帮助我改变了自己那1盎司感性认识。

1 盎司和 1 吨哪个更重

富爸爸常说：“别指望教穷人致富，你只能教一个富人致富。”

穷爸爸常说：“我永远都不可能富起来，我对金钱不感兴趣。”他还喜欢说：“我买不起。”也许是因为他有很多医药费账单要付，也许是因为他成年以后的生活几乎都是在财务窘境中挣扎着度过，他才会这么说。可我不这么认为，我知道他关于金钱的那 1 盎司感性认识是导致他的财务问题的根源。

当我的合著者莎伦 · 莱希特问我有没有想过给父母们写本书时，我欣然接受了这个建议。与汤姆 · 安德森牧师的谈话更让我对这本书的写作充满了热情，因为父母是最能影响孩子这1盎司感性认识的人。

我在前面说过，我和妻子没有孩子，所以我没有资格告诉父母们如何才能更加称职。我写的只是如何塑造孩子对金钱的 1 盎司感性认识。关于金钱，父母能做的最重要的事情就是影响孩子的感性认识。我希望家长能给孩子正确的感性认识，着力培养孩子控制金钱的力量，而不是教他们如何去做金钱的奴隶。就像富爸爸说的那样：“你越需要钱，你控制金钱的力量就越弱。”

今天，年轻人在年纪很小的时候就可以办信用卡。或许你会想起《富爸爸穷爸爸》一书中曾经提到了莎伦，她与我合作正是因为她刚上大学的儿子被信用卡债务困住了，尽管她自己就是一名资深的注册会计师，也把她认为有用的理财技能都教给了孩子。可是，即使学习了正统的理财技能，她的儿子仍然被信用卡“先刷卡，后还款”带来的兴奋感诱惑了，并最终屈服。莎伦认识到，如果她的孩子有这样的麻烦，那么其他成千上万的孩子也同样会早早地出现财务方面的问题。

你不能带着穷人的观念去致富

许多穷人之所以穷，是因为他们从小在家学到的就是如何做一名穷人。当然即使他们来自富裕的或中产阶级的家庭，也可能会自发地形成一种穷人的感性认识。在他们的生活道路上发生了一些事情，使他们产生了会让自己一直贫穷下去的观念。我相信这也是我的穷爸爸的经历。正如汤姆·安德森牧师所说，这是一种需要用1吨的教育才能改变的认识。拿穷爸爸来说，他努力工作，挣很多的钱，但即使有了1吨的钱（就好比是1吨的教育），也很难改变他那1盎司错误的感性认识。

当我破产并失去第一家公司时，我尽了最大的努力来保住我的感性认识。如果没有富爸爸教我的关于自我认知的课程，我真不知道我能否重新站起来并变得更强大。

今天，我的一些朋友破产了，尽管他们中的一些人后来在经济上又翻了身，但他们的这种经历却削弱了他们的自我认知。这就是我一开始就提醒家长注意保护孩子自我认知能力的原因。

这本书的许多内容是关于教育你的孩子如何拥有较强的自我认知能力，以便他们能经受住生活的磨砺——来自财务、学业、人际关系、职业，以及其他方面的挑战。这本书将帮助你教导孩子在经历挫折后恢复或形成较强的财务自我认知能力。如何保护自我认知能力是两个爸爸给我上的最重要的一课。当我遭受挫折时，一个爸爸教我如何在学业上有所成就，另一个爸爸则教我如何在财务方面变得更强大。

许多人在他们的人生道路上不曾获得较强的自我认知能力。我可以从他们说的类似的话中听出来，例如：

“我欠了太多债，所以我不能停止工作。”

“我承担不起辞职的损失。”

“如果我能再多挣点钱……”

“如果我没孩子，生活就会更轻松。”

“我永远都不会富有。”

“要是赔了钱，我可受不了。”

“我很想建立自己的事业，但我需要稳定的工资。”

“我的账单还付不清呢，哪会有钱投资？”

“我将用房屋净值贷款来还清信用卡。”

“不是每个人都能成为富人。”

“我不在乎钱，钱对我来说并不重要。”

“如果上帝想让我富有，他会给我钱的。”

正如富爸爸所说：“你需要的钱越多，你的力量就越弱。”许多人在学校里成绩很好，还找到了高薪的工作，但是因为没人教他们如何让钱为自己工作，他们就会为钱辛勤工作并陷入长期债务。他们需要的钱越多，需要钱的时间越长，自我认知能力就越差。

我的一些朋友就是职业学生。他们终生待在学校里，不去找工作。我有个朋友已经拥有两个硕士学位和一个博士学位，他拥有的不止是 1 吨的教育，简直就是 10 吨的教育，可他仍在职业和财务方面苦苦挣扎。我猜测这就是因为那 1 盎司感性认识在作怪。

有钱不能使你真正变得富有

许多人期望能通过攒钱变富，还有些人期望能通过攒学位和好成绩变聪明。而我自身的斗争则是克服贫乏的财务感性认识，以及我不如别的孩子聪明的感觉——那是一种与别的孩子比较后才有的感觉。也就是说，直到与有钱人家的孩子比较后，我才知道我穷；直到与成绩好的孩子比较后，我才知道我不聪明。

这就是本书名为《富爸爸你的孩子天生就富有》的原因。我真诚地相信，所有的孩子身上都有与生俱来的富有和聪明的潜质——只要加强属于他们自己的正确的感性认识，并且不受来自学校、教堂、公司、媒体以及这个世界的1吨教育的侵扰。生活本身已经够艰辛了，如果你还自认为不够聪明或永远不会富有，那么你的生活将更加艰辛。因此父母最重要的职责就是塑造、培养和保护孩子那种与生俱来的自我认知能力。

教成年人忘掉他们学过的东西

作为成年人的老师，我发现教一个富人更富和教一个聪明人更聪明是非常容易的。但当你听到下面这些话时，去教一个人致富就很困难了。

“如果我赔钱了，该怎么办呢？”

“但我已经有了一份安稳又有保障的工作。”

“无偿工作！你什么意思？你必须付我工钱！”

“不要借债。”

“做个勤奋工作的人并存些钱。”

“谨慎行事，不要冒险。”

“假如我成了富人，我就会变得贪婪而傲慢。”

“富人都贪得无厌。”

“不要在餐桌上谈钱。”

“我对钱不感兴趣。”

“我买不起。”

“这太贵了。”

诸如以上的问题和言论源于个人内心深处的感性认识，我发现只有当我把学费涨到几百甚至几千美元时，这些评论才会消失，我才能从容地讲授我的课程。

永远不要说“我买不起”

富爸爸不是一个受过训练的心理治疗专家，但他聪明地知道金钱只是一种观念。他不许我和他的儿子说“我买不起”之类的话，这类话语会使我们改变对自己的感性认识。他希望我们说“我怎样才能买得起”。我意识到如果我不停地说“我买不起”，就是在强化我成为一个穷人的感性认识；而说“我怎样才能买得起”则强化了我成为一个富人的感性认识。我同样建议你不要在你的孩子面前说“我买不起”。当孩子向你要钱时，你应该说：“在一张表上列出你能做的合理合法的 10 件事，那样你不用向我要钱就能买得起你想要的东西。”

如果你分析这两句话，你会发现“我怎样才能买得起”使你敞开心扉审视致富的可能性，而“我买不起”则关闭了你的心扉，使你丧失了实现愿望的可能性。

正如我在本书开头所阐述的，“教育”（Education）一词源于拉丁文“educare”，意为“取出、抽出”。只需稍微留意一下我们常说的话，就可以了解自己的认知水平。改变常说的话，就是在开始改变自我认知能力，假如我们想改变的话。所以只要提醒自己去说“我怎样才能买得起”，你就已经开始在心中植入富人的观念了。而说“我买不起”，则强化了已有的穷人的观念。

生活从感性认识开始

几天前，一位记者采访我时问道："你是怎样成为百万富翁的？"

我答道："创办公司和购买房地产。"

记者说："不是每个人都能这么做，我知道我就不行。请告诉我该做些什么才能成为百万富翁。"

我说："继续工作，并购买房地产。"

可记者又说："房地产市场的价格太高了，我买不起，而且我也不想经营房地产，除此之外我还能做些什么呢？"

我接着说："目前股市很火，为什么不买一些股票呢？"

"股票市场风险太大，每天都有可能崩溃。我有妻子和孩子要养活，还有账单要付，所以我无法像你那样承担赔钱的损失。"

终于，我认识到我在做富爸爸叫我不要做的事，我正在向那些首先需要转变感性认识的人提供答案。于是我停止回答并开始提问题："告诉我你认为怎样才能变成百万富翁。"

他说："我可以写本书，而后像你那样卖掉几百万本。"

"很好！"我大声地说，"你是个很好的作家，我认为这是个好主意。"

"但是如果我找不到一个代理商来代理我的书，那该怎么办？如果这个代理商坑了我，我又该怎么办？你知道，我以前写过一本书，可没有人愿意读它。"这位记者回答。他现在在写一个新的题目，但他的自我认知水平仍然没什么变化。

父母首先要做的最重要的事情就是发展和保护孩子的自我认知能力。我们对别人都会有自己的看法，有时正确有时错误。例如，你可能认为某个人古怪、蠢笨、聪明或富有。我记得上高中时，我认为一个女孩子既自大又傲慢，所以即使我被她深深吸引，我对她的那些不好的看法仍然阻止了我约她出去。然而有一天，在我跟她聊上几句之后，我却发现她既善良，又热情，而且非常友好。在改变了对她的认识后，我终于开口约她出去了。可她回答："你要能早点约我就好了，现在我刚开始与杰瑞约会，我们相处得很好。"这个故事说明，正如我们对别人有成见一样，我们对自己也有认识——正如我们对别人的成见能够改变一样，我们的自我认识也能改变。

富有和聪明只是感觉

身为教育官员的爸爸告诉我，几年前在芝加哥学校系统内进行过一项著名的研究。教育学研究人员抽取一组教师协助研究，这些教师被告知他们因为教学能力出类拔萃而被选取，他们还被告知只有天才儿童才能在他们的课堂里听讲，而且这些孩子和他们的父母都不知道这是个试验，因为研究者想了解如果孩子们不知道自己是天才时，会有怎样的表现。

正如研究人员期望的一样，教师们汇报说孩子们表现得非常好，他们还说与孩子们待在一起非常愉快，并表示希望能一直教这些孩子。

这个调查其实有一个环节是不为人知的，那就是老师们不知道自己实际上并没有什么非凡的教学能力，他们只是被随机选取的。当然，孩子们也是随机选取的，而不是因为他们有某种天赋。因为期望值很高，表现也就不俗。也就是说，孩子和老师都被认为是既聪明又优秀的，所以他们就会表现得非常优秀。

这意味着什么呢？这意味着你对孩子的看法能极大地影响他们的生活。换句话说，如果你在孩子身上看到了天赋，就能帮助他们变得更聪明；如果你认为孩子会富有，就能帮他们变得更富有。假如你能让孩子也认识到自己的能力，他们就更有可能让全世界都认识到他们的能力，并把这种能力出色地发挥出来。

对我而言，这正是你首先要对孩子进行的教育，也是我说“给孩子力量——在给他金钱之前”的原因。帮助他们发展强有力的自我认知，就是在帮助他们成为富孩子和聪明孩子。假如他们没有这份自我认知能力，那么世界上所有的教育和金钱都帮不了他们。拥有了自我认知能力，变得更聪明和更富有将会非常容易。

两位爸爸给我的礼物

我从两位爸爸那里得到最好的礼物，都是他们在我最困难的时候给我的。当我在高中想退学时，我的教育家爸爸提醒我意识到自己有多么聪明。当我在财务上遭受挫折时，富爸爸则告诉我真正的富人会赔掉不止一家公司。他还说穷人赔的钱是最少的，却总是生活在赔掉这一点点钱的极大恐惧中。

所以一个爸爸鼓励我直面学业上的失败并把它转化成力量，另一个爸爸则鼓励我直面财务上的损失并把它转化为经济利益。虽然两个爸爸教我的科目不同，但在许多方面讲述的都是同样的东西。

当孩子觉得自己很失败的时候，父母的职责就是发现孩子最好的一面。你会意识到这不仅适用于小孩子，而且适用于成年人。

当孩子在生活中遇到大麻烦时，父母也遇到了最大的机会——成为孩子最好的老师和朋友的机会。

第4章
想致富的话，就做“家庭作业”吧

我父母和迈克的父母都不断地提醒我们要做家庭作业，不同之处在于他们指的不是同一种家庭作业。

“家庭作业做完了吗？”妈妈问。

“游戏一结束我就去做。”我答道。

“你玩的时间够长了！不许玩了，把书拿出来。如果你的成绩不好，就上不了大学，找不到好工作。”她责备道。

“好，好，马上就不玩了，等我再买一家酒店吧。”

“听妈妈的话，把游戏收起来。我知道你喜欢玩游戏，但现在是学习时间。”

这是爸爸的声音，听起来不太高兴。我知道讨价还价已经没有用了，赶快停下来把游戏放到一边。收起我花了几个小时才攒到的绿房子、红酒店真让我心疼，我已经基本上控制住游戏板的一边了。但我明白父母是对的，因为明天要考试，我还没有开始学习。

有一段时间，我完全被“大富翁”游戏迷住了。从8岁到14岁，我一直在玩它，直到我参加高中橄榄球队为止。我想，如果我发现有和我同龄的孩子还在玩这个游戏，我还会继续玩下去的。可我已经上高中了，这可不是多酷的事。虽然我不再经常玩这个游戏，但我不曾失去对它的喜爱。而且，长大后，我开始在现实生活中玩起了这个游戏。

富爸爸教我们搭建财富积木

当我拥有很强的、正确的自我认知能力后，另一块搭建财富的重要“积木”就是“家庭作业”。

在我的好几本书中，我都讲述了自己从9岁到大学期间为富爸爸工作，并从中学习金钱课程的经历。作为我努力劳动的交换，富爸爸每次会花几个小时教我和他的儿子关于公司运作细节方面的知识和成为投资者所必需的技巧。许多个星期六，我都很想与朋友们一起去冲浪或者做其他的运动，然而我坐在富爸爸的办公室里，向这个夏威夷日后的大富翁学习。

在一次课上，富爸爸问我和迈克：“你们知道我为什么比为我工作的人富有吗？”

我和迈克有些茫然，努力想从头脑中找到一个贴切的答案。这个问题刚听起来似乎有些傻，但据我们对富爸爸的了解，他的问题一定蕴藏了深厚的内涵。最后，我大胆地说出了那个显而易见的答案：“因为你挣的钱比他们多啊。”

“是啊，”迈克点头表示同意，“毕竟你是公司的老板，你能决定自己拿多少钱、他们又挣多少工资。”

富爸爸靠在椅子上笑了，“是的，的确是我在决定发给每个人多少薪水。但事实上，我的薪水比许多为我工作的雇员都少。”

我和迈克都十分疑惑地盯着他。“你是公司的老板，其他人怎么可能挣的比你多？”迈克问。

“有几个原因，”富爸爸答道，“想让我告诉你们吗？”

“当然喽。”迈克说。

“是这样的。通常公司在创立之初，资金会非常紧张，所以企业主常常是最后一个领薪水的人。”

“你是说雇员先领薪水吗？”迈克问。

富爸爸点点头说：“是的，雇员不仅会先拿到薪水，而且拿到的钱会比我多，而且前提是我也能拿到薪水的话。”

“可为什么呢？”我问，“如果你最后领薪水而且领得最少，为什么你还要拥有公司呢？”

“如果企业主计划创办一个成功的企业，这就是他首先要做的事。”

“真搞不懂。”我答道，“这是为什么呢？”

“因为雇员为钱而工作，我是为了建立一项资产而工作。”富爸爸说。

“公司步入正轨后，你的收入也会增加吧？”迈克问。

“也许会，也许不会。我说这个是因为我想让你们了解金钱和资产之间的差异。”富爸爸接着说，“以后我也许能多领薪水，也许不能，总之我不会为工资而拼命工作。我努力工作的目的是建立可以增值的资产。也许有一天我会把这个公司卖掉，挣几百万美元，或者去聘一名经理替我经营，而我则接着去创办另一家公司。”

“所以对你来说，创办公司就是建立资产，资产比金钱更重要。”我一边接过他的话，一边尽力去理解金钱和资产之间的差异。

“对，”富爸爸说，“我领的薪水较少的另一个原因是，我还有其他的收入来源。”

“你是说你还可以从其他资产上挣到钱？”我问。

富爸爸点了点头：“这就是我一开始问你们的那个问题的答案，其实这就是我总比我的雇员富有的原因，不管他们的薪水有多高。我正尽全力将这非常重要的一课教给你们。”

“这一课是什么呢？”迈克问。

“这一课就是，你靠工作不能致富，可你在家里却能致富。”富爸爸的话掷地有声，我们更不敢对他说的东西掉以轻心。

“我不懂。”我说，“这是什么意思？你是在家里致富的吗？”

“是的，你从工作中挣到工资，而你在家里决定用自己的钱去做什么，也就是说，你用你挣到的钱所做的事使自己变富或变穷。”富爸爸说。

“就像家庭作业。”迈克说。

“没错儿，”富爸爸说，“我称之为‘致富家庭作业’。”

“我爸爸也把很多工作带回家。”我几乎有些防备地说，“可我们还是很穷。”

“是这样，你爸爸带回家的只是工作，他仍然没有做我所说的家庭作业。”富爸爸说，“就像你妈妈做的是家务活，那也不是我所说的家庭作业。”

“比如收拾院子。”我加了一句。

富爸爸点点头：“是的，家务活、你带回家的学校作业、你爸爸从办公室带回家的工作和我讲的那种致富家庭作业之间有很大的区别。”接着富爸爸说了以下这段令我终生难忘的话：“富人、穷人和中产阶级的根本区别就在于他们在闲暇时间里做的事。”

富爸爸对我和他的儿子笑了一下。“你们觉得我这家餐厅的生意是怎么开始的呢？”他问，“你们会觉得它是从天上掉下来的吗？”

“不是的。”迈克说，“你和妈妈是在餐桌上开始讨论这桩生意的，你所有的生意都是那样开始的。”

“的确如此，”富爸爸说，“你还记得几年前我们开的第一家小商店吗？”

迈克点头说："记得。那是在家里最困难的时候，我们几乎没有什么钱。"

"我们现在有多少家商店了呢？"富爸爸问。

"5家。"迈克回答。

"有多少家餐厅呢？"

"7家。"

我坐在那里听着，开始理解一些新的差异。"你从这家餐厅只挣得很少的钱，可你还能从别的生意中获取收入。"

"这只是答案的一部分。"富爸爸笑着说，"其余的答案可以在'大富翁'游戏里找到。弄懂'大富翁'游戏是你能做的最好的家庭作业。"

"'大富翁'？"我不禁乐开了花。我似乎又听到了妈妈让我把"大富翁"放到一边去做家庭作业的声音。"你是说玩'大富翁'游戏就是家庭作业？"

"让我做给你看。"富爸爸一边说一边打开这个世界闻名的游戏，"当你走到'出发点'时，会发生什么事？"

"会收到200美元。"我答道。

"所以每次走到'出发点'时，就像给你发工资一样，对吗？"

"嗯，我想是的。"迈克说。

"要想在游戏中取胜，你们打算怎么做？"富爸爸问。

"应该购买房地产。"我说。

"对，"富爸爸说，"购买房地产就是你的家庭作业，它能让你致富，而你的工资却不能。"

我和迈克静静地想了很长时间。终于，我鼓起勇气向富爸爸问道："所以你才说高薪并不能使你变富？"

"是的，工资不能使你变富，可你用工资所做的事情反而会使你成为穷人、富人或中产阶级。”

“我不明白。”我说，“我爸爸总说如果他的收入能再高一些，我们就会富有了。”

“大多数人都这么想。”富爸爸说，“可事实上大多数人挣的钱越多，债务就越重，所以他们不得不更辛苦地工作。”

“为什么会这样呢？”我问。

“这都取决于他们在家里做了什么事，也就是他们在闲暇时间干了什么。”富爸爸说，“许多人挣到钱后，为钱制定了一个穷计划或输配方。”

“那么在哪里能找到获取财富的赢配方呢？”迈克问。

“获取财富的赢配方就在‘大富翁’游戏里。”富爸爸边说边指了指旁边的游戏板。

“什么配方？”我问。

“嗯，你是怎么在游戏中取胜的呢？”富爸爸问。

“买几块地，然后在上面盖房子。”迈克说。

“盖几栋房子？”富爸爸问。

“4 栋。”我说，“4 栋绿房子。”

“很好。”富爸爸说，“有了 4 栋绿房子以后，你还想干什么？”

“把 4 栋绿房子换成一家红酒店。”我说。

“这就是获得财富的配方之一。”富爸爸说，“在‘大富翁’游戏板上，你能找到一张世界上最好的财富配方，它使许多依此行事的人富有得让他们做梦都想不到。”

“你在开玩笑吧，”我不太相信地说，“不可能这么简单的。”

“就是这么简单。”富爸爸肯定地说，“几年来，我就在用从公司挣到的钱买房地产，然后再用从房地产中取得的收入生活并继续创建公司。我从公司里挣到的钱越多，投在房地产上的钱也就越多，这就是许多人获得财富的配方。”

“如果真这么简单的话，为什么没有更多的人这样去做呢？”迈克问。

“因为他们不做家庭作业。”富爸爸说。

“这是唯一的财富配方吗？”我问。

“不是的，”富爸爸说，“但它是几个世纪以来被许多富人的实践证明过的行之有效的方法，它为古代的国王和王后效过劳，今天它仍然在起作用。区别仅仅在于今天你不必是贵族就能拥有房地产。”

“你是在现实生活中玩‘大富翁’游戏的吗？”迈克问。

富爸爸点点头：“许多年前，当我还是个玩‘大富翁’游戏的孩子时，就决定自己的财富计划就是建立公司，然后让公司为我购买房地产，我的确也是这么做的。即使我们只有很少的钱，我仍然回到家里就做家庭作业，寻找房地产。”

“一定要是房地产吗？”我问。

“不一定，”富爸爸说，“但是等你长大并开始认识到公司和税法的力量时，你就会明白为什么房地产是最好的投资之一。”

“你还做哪些方面的投资？”迈克问。

“许多人喜欢股票和债券。”富爸爸说。

“你有股票和债券吗？”我问。

“当然有，”富爸爸说，“但我拥有的房地产还是最多的。”

“为什么呢？”我问。

“因为银行经理乐于给我贷款让我去购买房地产，但如果我要贷款去买股票，他们就会皱起眉头。所以通过投资房地产这种方式，我可以使我的钱产生杠杆效应，而且税法对房地产投资也有优惠规定，但是我们好像有点离题了。”

“那么我们的主题是什么呢？”我问。

“我们的主题是，你可以在家里致富，而不能在工作中致富。”富爸爸说，“我真心希望你们能够明白这一点，我不管你们购买的是房地产、股票还是债券，或者建立一家企业，我只关心你们有没有明白大多数人都不能在工作中致富，你们只能通过做家庭作业在家里致富。”

“我明白了。”我说，“那么当你处理完餐厅的工作后，你会去哪里呢？”

“很高兴你能这么问。”富爸爸说，“来吧，咱们上车去兜兜风，我带你们去看看我工作结束后会去的地方。”

几分钟后我们的面前出现了一大片土地，上面盖着一排排房子。“这块地大概有 10 万平方米，是一流的地产。”富爸爸指着那片土地说。

“一流的地产？”我有些嘲讽地说。我虽然只有 12 岁，但我也知道这些都是廉租房。“这地方看起来挺糟糕的。”

“我来向你们解释一下。”富爸爸说，“如果把这些房子想象成‘大富翁’游戏中的绿房子，你们会看到什么？”

我和迈克慢慢地点着头，努力去展开想象的翅膀，这些房子可不是‘大富翁’游戏中整洁的绿房子。“那么大大的红酒店在哪里呢？”我们异口同声地问道。

“马上就会有了，”富爸爸说，“只不过不是红酒店，几年后小城将会往这个方向拓展，市政府已经宣布将在这块地附近建一个新机场。”

“所以这些房子和土地会正好处于城市和机场之间？”我问。

“是的，”富爸爸说，“我会在适当的时间拆除这里所有的廉租房，并在这块地上建造一个轻工业园区。到那时，我就控制了这个城市最值钱的土地之一。”

“然后你会做什么？”迈克问。

"我会按照同样的方法，"富爸爸说，"去购买更多的绿房子，并等时机成熟时把它们变成红酒店、轻工业园区、公寓楼，或者这座城市在那个时候需要的任何东西。我不是个多么聪明的人，但我了解如何遵循一个成功的计划一步步走下去。我努力工作，并且做我的家庭作业。"

我和迈克 12 岁时，富爸爸已开始向着成为夏威夷首富的目标进军。他不仅购买了这块工业用地，还买了一块不错的海滨地产，用的都是同一种方法。在他 34 岁那年，他为了使自己从一个默默无闻的商人变成一个有影响力的、富有的商人而努力着，而在这一过程中，他一直在做着他的家庭作业。

在《富爸爸穷爸爸》一书中，富爸爸的第一课就是"富人不为钱工作"。相反，富人致力于让钱为他们工作。我还举过麦当劳创始人雷·克罗克的例子。克罗克说："我不是在做汉堡包生意，而是在做房地产生意。"我还是个小男孩时，就始终记得将"大富翁"游戏的教益与富爸爸以及许多现实生活中的富人的经历作比较带给我的震撼。他们的财富来自于富爸爸所说的"做家庭作业"。对我而言，"财富是在家里而不是工作中挣到的"，这一观念是我从富爸爸那里得到的最有用的知识。我爸爸每天都把很多工作带回家，但他很少做家庭作业。

1973 年，我刚从越南回来就参加了一个电视广告中介绍的房地产投资课程。这一课程的学费是 385 美元，它使我和我妻子成了百万富翁，我们用这门课上学到的知识购买房地产，房地产为我们带来的收入使我们获得了财务自由。

我和我妻子不需要再继续工作了，房地产投资为我们带来了大量的被动收入。385 美元的课程带给我的收益远远超过金钱本身，从这门课上学到的知识给我们带来了远比工作安全更重要的东西，它带领我们达到了财务安全，并实现了财务自由。我们在工作中努力着，但同时也坚持做自己的家庭作业。

就像富爸爸与我和迈克一起玩“大富翁”游戏时说过的那样：“你靠工作不能致富，可你在家里却能致富。”

傻瓜一点都不傻

我认为，投资方面最好的一本书就是自称“傻瓜”的两兄弟写的《傻瓜投资指南》，此书多年来长居畅销书排行榜。

最近，他们在自己的网站上谈论使用游戏作为教学工具时这样说道：

> ……除了自身的娱乐性和社交功能，一个好游戏还能使人更加聪慧。好游戏促使你去思考、去计划、去冒险，有时只是令你去猜测和希望……你往往会遇到一些障碍——游戏的结果和你的命运都与你的这些思想和行动紧密相连。行动并取得成功，或失败并从中学习，都可以在玩游戏的过程中自然地体现出来。个人责任，这个我们希望传达的“傻瓜主题”之一，就通过游戏得到了很好的传达与说明。

玩游戏需要不止一种天赋

教育体制主要侧重于对语言天赋的培养。前面我也讨论过，假如孩子的天赋不在语言方面，即传统的用于衡量智商的天赋，他们会面临怎样的挑战。在学校里，我不擅长听、读、写，以及考试，所以坐在教室里让我感到非常痛苦。即使今天我有时仍会被别人说有多动症，可在运用体能、交际、自控、数字和空间天赋时，我就能学得很好。换句话说，当某项学习任务需要用到不止一种天赋时，我能学得最好。亲自动手、谈话、在一个团队中工作、与其他人合作、竞争、开心地玩是我的最佳学习途径，虽然我也能阅读和写作，但是这两者是最令我头疼的获取信息和传达信息的方式。这就是学校令我痛苦以及我从孩提时代到长大成人都始终喜欢玩游戏的原因。学会玩一种游戏并取胜，需要不止一种天赋，游戏通常是比站在教室前面讲课的老师更好的老师。

我讨厌坐在空间狭小的教室里，而且今天我也拒绝坐在办公室办公。我常听人说："总有一天我会拥有一间 corner office[①]，两面都是落地玻璃窗。"可我从不想坐在办公室里。我有很多写字楼，但是里面没有一间办公室是我的。假如要开会，我就用公司会议室或者去餐厅。我从孩提时代就不喜欢被限制，今天仍然不喜欢。让我能坐在空间狭小的房子里的最好的方法是玩游戏，今天我工作时仍在玩游戏——只不过现在是在用真钱玩"大富翁"游戏。玩游戏是我最有效的学习方式。

当我的亲爸爸发现我对游戏和运动的喜爱后，他意识到我通过动手比通过听讲能学得更好。他知道在一所真正的研究型大学里我不可能是最出色的。当意识到我是个活动型学习者时，他开始鼓励我找一所通过行动而不是听讲来教育学生的学校，因此我申请了美国海军军官学校和美国商船学院，并在申请成功后接受了国会的任命。我申请的这些学校会让我坐船到世界各地去学习。在船上，我学会了成为一名船员的各种要领；毕业后，我参加了海军陆战队学习飞行。我喜欢

---

① corner office，即角落办公室，位于方形或多边形办公大楼的拐角部分，比普通办公室更宽敞明亮，通常是总裁或总经理的办公室。

这一切，喜欢在船上学习，也喜欢在飞机里学习。

我能够忍受在空间如此狭小的教室里上课，因为我能学习亲自驾驶和飞行。我能在这间教室里学习是因为我有学习的意愿，每当此时我就能努力学习，从不感到厌倦，这能让我觉得自己更聪明了，还往往能取得好成绩。好成绩意味着我能做更多令人兴奋的事情，比如航行或飞行到塔希堤岛、日本、阿拉斯加、澳大利亚、新西兰、欧洲、南美洲、非洲等很多地方，当然还有越南。

如果爸爸没有告诉我学习方式是多种多样的，我可能早就退学了。我也许会选择一所普通的以课堂教学为主的学校，然后对学习感到非常厌倦，会热衷于聚会，最后发展到不去上课。我讨厌被限制，讨厌无聊地被动听讲，讨厌去学那些我无法看到、感觉到和触摸到的课程。爸爸是个语言天才，他也很明白他的孩子不是这类天才。即使身为教育官员，他也很少责备他的孩子学习成绩不好，因为他知道他的4个孩子都在按照自己的方式学习。他非但没有批评我们成绩不好，反而鼓励我们找到能自然而然地学得最好的方式。

爸爸知道我在学习结束时需要激励和奖励，知道我争强好胜而且还有反叛意识，决不会盲从他“去上学”的命令。因为，要我这么做是需要理由的。他很明智，所以他知道对我说“去上学，考好成绩，以便找个好工作，还能坐上办公室”之类的话是不能激发我对学校的热情的。总之，他知道我会去学我想学的东西，我能按自己学得最好的方式去学习，在学习结束时还得有令人激动的奖励。他帮助我明白这一切，虽然他不喜欢我和富爸爸花几个小时玩“大富翁”游戏，但他是个极为睿智的老师，他知道我玩游戏的目的是为了获得游戏中的奖励。他知道我能从中看到我的未来，所以他说：“去上学，去看世界，你可以在全世界玩‘大富翁’。我没有能力送你到世界各地，但是假如你进入了一所能让你到世界各地去学习的学校，你一定会乐于学习的。”

爸爸也许没有意识到他的话会深入我的思想，但事实上这些话深刻地影响了我。对他来说，环游全世界去玩“大富翁”毫无意义，可他一旦认识到我对环游世界去学习这个想法非常感兴趣时，他就开始鼓励我。他甚至开始乐意看我玩“大富翁”了，虽然他根本不能理解在全世界投资房地产这样的想法，因为这不是他的世界，可他能看到这将成为我的一部分世界。自从我有了“大富翁”游戏后，他开始将很多介绍大海和环游世界的书带回家。

因此，身为教师的爸爸后来也不再制止我玩这个游戏，因为他不仅发现这个游戏很好玩，也发现了我对它很感兴趣，而他，能把这种游戏与我想学的课程结合起来。他发现了我努力学习所期望得到的奖励——环游世界并在现实生活中玩“大富翁”。他认为这种想法是孩子气的、不成熟的，但这种想法让我非常兴奋。不知为何，爸爸知道当我玩“大富翁”时，我能从中看到自己的未来。他看不到，但他知道我能看到，于是他利用我能看到或开始看到的东西作为激励，把我留在学校里，让我努力学习。今天我在现实生活中环游世界，也在全世界玩“大富翁”游戏，虽然我的阅读和写作能力依然不强，但是我还是在继续阅读和写作，因为当年，我的教育家爸爸明智地帮我找到了自己感兴趣的课程，而不是强迫我去学习我毫无兴趣的课程。

赢配方

我从“大富翁”游戏中学到的最重要的东西就是我的赢配方。我知道我所要做的全部事情就是买 4 栋绿房子并把它们换成红酒店。我不知道我是否需要在做法上作什么特别的调整，但我知道我能做到——至少那时我这么认为。换句话说，在 9 ~ 15 岁之间，我认识到我和我的好朋友——学术天才“蚂蚁安迪”不是一类人。当我发现了“大富翁”游戏板上的配方，并真实地看到、摸到、感觉到现实生活中富爸爸的绿房子后，我找到了适合自己的赢配方。我知道穷爸爸为工作安全而努力学习和工作，但整天坐办公室的配方并不适合我，所以应该说这是个好消息。但正如我说过的，每一枚硬币都有两面，坏消息是那时我只有 15 岁，“如果你不努力学习，不取得好成绩，就找不到好工作，你就不会成功……”这样的威胁无法激励我去学我不感兴趣的课程，所以我的学习成绩变得很糟糕。

今天，当我看到孩子们的考试分数不及格时，我确信，曾经影响过我的缺乏学习目标和动机的情况，也同样影响着今天的孩子们。孩子们并不笨，事实上，他们对现实生活的认识甚至远远超过许多成年人。教育体制很难让他们受到教育的另一个原因是，没有人提供让他们感到兴奋的理由来让他们待在学校里努力学习。我相信，假如孩子们在一年级就开始玩“大富翁”，然后问他们谁想参加“毕业时谁想成为百万富翁”的课程，他们会对学习更加感兴趣。如果一个孩子真想成为百万富翁，你就要向他传授我儿时学过的课程。孩子或许真的会愿意去学，因为课程结束时的奖励令人激动，并且值得为了得到它而努力学习。

幸运的是，我通过玩“大富翁”找到了自己的赢配方。游戏结束时，我看到了我的未来，一旦我相信自己可以做到，我就确立了成为百万富翁的目标。这令我激动不已，我愿意通过学习来实现这个目标。在游戏结束时，我看到我的未来是财务安全和财务自由而不仅仅是变得富有。而且我有种感觉，我不需要拥有一份有保障的工作或者依靠公司和政府来照顾我的生活。在 15 岁时，我知道我将来会富有，不只是想变得富有，而是确信我一定会富有。当我认识到这一切之后，我的自我认知飞速提升，我知道即使我成绩不好，上不了好学校，找不到好工作，我仍然会富有。

不好的一面是，这种自我认知令我的内心更无法平静。如果不是我的教师爸爸和富爸爸鼓励我留在学校并拿到大学学位，我也许早就辍学了。我的教师爸爸、富爸爸和一些高中老师在我人生中非常困难的时候，没有一味地斥责我，而是明智地引导我，我对他们心存感激。通过他们的帮助，我找到了一种待在学校并成为好学生的方法。他们帮助我找到了自己能学得最好的学习方式，而没有强迫我非得按教育体制提倡的学习方式来学习。

爸爸看到我通过动手比通过阅读和写作能学得更好，于是他点燃了我环游世界的梦想，并且把这个梦想与“大富翁”游戏联系在了一起。不仅如此，他还找到了鼓励我留在学校的办法，并帮我选择了一所最适合我的学习方式的学校。他不在意我的成绩或我能否考进一所学术精英聚集的名校，他关心的是我是否留在了学校，是否拿到了大学学位，最重要的是，我是否能不断地学习。换句话说，穷爸爸完成了他的家庭作业。

富爸爸教我从“大富翁”游戏中汲取不同的东西，他将富人的赢配方教给了我。他让我认识到即使我在学校里并不优秀或找不到高薪工作，我依然能够在生活这场游戏中取胜，他改变了我的自我认知。他向我展示了他的赢配方，一个对我的人生也适用的赢配方。也就是说，富爸爸也完成了他的家庭作业。正如他常说的那样：“你靠工作不能致富，但你能通过做家庭作业致富。”

教育富有又聪明的孩子

2000 年初，一家著名的网络营销公司请我去讲被他们称为“下一代”的投资课程。我很好奇这个“下一代”是什么意思，他们告诉我，它指的是一群孩子，他们的父母都是网络营销行业的成功人士。我问为什么这些孩子要学习投资，回答是："因为大多数孩子都会从我们这里继承几百万美元，甚至上亿美元，还有一些公司。我们一直在教他们管理公司的技能，但我们也需要你来教他们投资的技能。"听了这个回答，我知道我为什么会被邀请来上课了。

在一个滑雪胜地，我花了两天时间给 75 个年龄在 15 ~ 35 岁之间的年轻人讲投资的重要性。这很棒，因为没人问我"我该上哪儿去找钱来进行投资"之类的问题。不过，正如富爸爸所说："有两种与金钱有关的问题，一种是钱不够，另一种是钱太多。"这些年轻人碰到的是第二种问题。

在上课的第二天，我不得不注意到这些年轻人的不同之处。他们不像我以前遇见的许多年轻人，即使十几岁的孩子都能对金钱、公司和投资方面的话题展开讨论。这些本该是成年人之间的话题，而不是成年人与十几岁的孩子之间讨论的话题。我的年龄足以做他们的父亲，但我总觉得坐在会议桌对面跟我讲话的是我的同龄人，随后我意识到这些年轻人是在公司的氛围中长大的，他们中许多人掌控的现金流和投资组合比我的还大。这些年轻人的态度相当谦逊，尽管他们已经相当富有，我却没有在他们身上看到愚蠢的傲慢、趾高气扬，以及我在有些年轻人身上看到的孤僻。我发现他们中许多人是在家庭和公司之间长大的，这使他们不仅能与成年人友好相处，还能随意地与成年人谈论金钱和公司。我以前还遇到过类似的年轻人，有的年仅 14 岁，就站在讲台上，面对 4 万人进行鼓舞人心的演讲。要知道我直到 37 岁才敢站在讲台上演讲，而且讲得令人昏昏欲睡。

当我坐车下山去机场时，我意识到我和我最好的朋友迈克为了获得这一相同的经历付出了很多。我想起他在大学时学习非常刻苦，因为他在商学院学习结束后的奖励是接管价值数百万美元的公司。我也意识到自己得到了富爸爸的恩惠，他在家工作，有时间教我和迈克一些日后能用于现实生活的技能。

当我向那些考虑建立家庭企业的人演讲时（这个家庭企业可能是一个网络营销公司、特许经营企业，或自己创办的其他形式的企业），我会提到我在那座山上认识的那些年轻人。家庭企业带来的益处远不止额外的收入和税收减免，有些好处是不可估量的、无价的。对一些有孩子的人来说，家庭企业是他们做家庭作业和教孩子做家庭作业的地方。正如富爸爸所说：“你靠工作不能致富，可你在家里却能致富。”他在这句话里所提到的财富远不止是金钱。

回顾历史，最富有的人都是通过在家中创业致富的，亨利·福特是在他的车库里创业的，惠普公司也是在车库里创办的，迈克尔·戴尔在宿舍里开始创业，桑德斯上校之前并不富有，直到要在他餐馆所在的位置修建一条高速公路，使他不得不放弃生意而开始新的事业。所以，富爸爸让我们不要靠工作致富的建议也适用于很多拥有巨额财富的人。

顺便提一句，桌面游戏“现金流”是我在餐桌上发明出来的。《富爸爸穷爸爸》一书到目前为止已经卖了数百万册，这本书最初也是我在自己的小屋里写出来的。现金流技术公司（包括富爸爸网站）是一个价值数百万美元的公司，它在全世界范围内销售和授权销售“富爸爸”系列教育产品，起初它是在莎伦·莱希特家中闲置的卧室里开始创办的。这个公司在我家的餐桌旁开始构思、成立，然后移到了莎伦家，现在公司已经拥有了一整栋办公大楼，而且还向其他公司出租办公室。但我仍然没有单独的办公室，因为直到今天，我还是不喜欢被局限在狭小的空间里工作。我按照在两个爸爸帮助下学到的赢配方行事——环游世界，还有用真钱玩“大富翁”游戏。也就是说，我仍在做我的家庭作业。

第 5 章
你的孩子需要多少种赢配方

回顾富爸爸和穷爸爸的一生，我开始意识到，前者之所以比后者更成功，仅仅是因为前者有更多的赢配方。

我的一个朋友阿德里安最近打电话征求我的建议。她在 20 世纪 90 年代初被公司裁员，此前她已经在那家大公司干了很多年，她总想着鼓起勇气创办一家自己的公司，于是就用多年的积蓄和原来的公司付给她的遣散费购买了一家旅行社的特许经营权。就在她开始揽生意时，航空公司开始削减付给旅行社代理商出售机票的佣金。以前一张机票能挣到 800 美元的佣金，而现在航空公司只付给她不到 100 美元甚至只有 50 美元的代理费用。现在她可能不得不关掉旅行社，可这次她已经用光了积蓄，更不可能从自己的公司收到遣散费。她的特许经营权可以出售，但其价值由于从航空公司获得的收入的减少而大大降低了。

我认为阿德里安在晚年仍苦苦挣扎的一个原因是，她没有为她的一生准备好足够的赢配方。阿德里安也不是我见过的唯一一个因为缺乏赢配方而苦苦挣扎的人。许多人在学校里成绩很好，但在走出校门时，却没准备好能帮助他们在生活中取得成功所需的足够多的赢配方。下面几章是帮助父母们为孩子们准备好足够多的、能在人生这场游戏中取得成功的赢配方。

你的孩子至少需要 3 个赢配方

一个孩子要在一生中获得职业和财务上的成功，需要 3 种基本的赢配方：

学习赢配方
职业赢配方
财务赢配方

发现你孩子的学习赢配方

我的朋友阿德里安在学校里很成功，她不但是一个能快速学习的人，也很享受校园生活。她发现阅读、写作和数学都很容易。阿德里安轻松读完了大学并获得了文学学士学位。因为她在学校里成绩很好，所以她喜欢学校，这是她的积极人生经历。正因为她的学校经历是正面的，所以我建议她关掉旅行社并重回学校学习新的职业赢配方。她现在 53 岁，又重返校园去挣学分，希望可以申请法学院。

阿德里安的例子很好地阐明了我爸爸的观点：不同的人有不同的学习赢配方。阿德里安的学习赢配方在她身上发挥了作用，但对我可能并不适用。我不喜欢学校，我怀疑自己能否重新回到传统的学校做一名学生。

找到学习赢配方

从出生到大约15岁这段时间非常重要，因为这段时间是孩子形成自己的学习赢配方的阶段。如果孩子在学校里感到快乐，学习轻松而且成绩优异，那么他就找到了一个适合自己的学习赢配方。但是如果孩子因为语言天赋不强或其他原因，在学校学习读、写、算有困难，那么从那时起，他们的学校生活就会很痛苦了。倘若孩子早年在学校里遇到困难，或者感到自己不如别的孩子聪明，他们往往就会失去自尊，对学校也没什么好印象。孩子可能会觉得自己“笨”，并认为自己无法在这种教育体制下生存。他们开始被贴上标明自己有缺陷的标签，如“注意力缺陷障碍”，或“迟钝”，而不是应有的“有才华”“聪明”或“有天赋”。作为成年人，我尚且讨厌被人称为“笨蛋”或被弄得自觉低人一等，一个只有12岁或者更小的孩子被贴上这样的标签，他该怎么办？这会给孩子的精神、情感和身体造成多大的伤害？

学校的等级制度是让孩子们在学业上缺少安全感的另一个原因。在钟形曲线[①]的评分体制里，如果有10个孩子，2个会在曲线的上部，2个在底部，其余6个则在中间。在学校的综合能力测试中，我总排在前2名。我的潜力很大，可成绩却是倒数的2%。对于这种评估学生的钟形曲线法，身为教师的爸爸常说：“学校系统与其说是培育体制，倒不如说是淘汰体制。”作为家长，爸爸的工作就是保护我在心理和情感上的安全感，使我不被这个体制淘汰。

---

① 钟形曲线又称正态曲线，是一根两端低中间高的曲线，左右对称。

9 岁的变化

鲁道夫·斯坦纳是一位很有名望又很有争议的教育学家，他的教育哲学正在众多的鲁道夫学校中得到运用。据说鲁道夫学校是一个今天在世界范围内快速发展的教育系统。斯坦纳经常就他的理论“9 岁的变化”发表演讲、出版著作。他发现，孩子们在 9 岁时开始与父母的看法出现分歧，并形成自己的看法。斯坦纳还发现，这段时期孩子们经常会感到孤独，即认识上的孤独期，孩子们开始去寻找自己的“我”而不是作为一个家庭的“我们”。在这个时期，孩子需要学习实际的生存本领。出于这个原因，鲁道夫学校会教这个年龄的孩子在花园里栽种、搭帐篷、烤面包等诸如此类的技艺。他们学这些技能并不是要把它们作为自己未来的职业，而是为了让他们对自己放心，让他们知道他们能靠自己的能力生存。孩子需要知道，他们能挨过这段寻找自我认知的时期。如果他们无法在这一时期发展自己的安全感，就将极大地影响他们对自己未来人生的定向和选择。显然，每个孩子对这场认同危机的反应是不同的，所以家长的细心观察和敏锐觉察至关重要。同时带着 30 个孩子的老师，不可能意识到每个孩子在这一阶段的不同选择和需要。

穷爸爸并不了解鲁道夫 · 斯坦纳的工作，但他清楚地知道这一成长阶段对孩子一生的影响。当他看到我在学校里成绩不好，以及当我得知“蚂蚁安迪”是个天才而我不是却还要与他做朋友对我造成的影响时，他开始更细心地观察和引导我。他鼓励我参加更多的运动，因为他知道安迪善于通过阅读学习，而我则需要通过行动来学习。他想让我知道，按照我自己的方式，我也能完成学业。他想让我找到一种能够在学校里保持自信的方法，即使这种方法是通过运动而不是学业获得的。

在我人生的这个阶段，我的家庭还面临着经济上的问题。我猜想爸爸也许意识到了他在挣钱方面的无能为力可能会对我有所影响，他知道我常在回家后发现妈妈面对不得不支付的账单唉声叹气。我想他也知道，我可能会开始寻找一种与他不同的世界观，而且我也的确是这么做的。9 岁时我开始跟随富爸爸学习。回想起来，我是在寻找一种自己的解决方式，希望借此帮助我们家走出经济困境。我确定要寻找一种与父母的思想迥异的新观念。

阿德里安的配方与我的配方

因为阿德里安在学校的经历是正面的，所以不难理解为什么她会选择重回校园去学习一种新的职业技能。而我的学习方式就不同了。我的学习方式是寻找一位导师并通过行动来学习。我在 9 岁时就学会了这种方式，今天，我仍在寻找能够跟随学习的导师。我寻找那些已经完成了我想做的事的人做我的导师，或者听他们的磁带，从而得知他们是怎么做的。我也阅读，但只不过是把它作为最后的手段。我没有重回商学院学习如何经营一家公司，而是建立自己的公司，因为我是通过行动来学习而不是坐在教室里学习的人。我会找一位导师，采取行动，犯错误，然后寻找一些书和磁带，从中发现我错在哪里，应该从错误中吸取怎样的教训。例如，当我的一家公司的市场运作开始走下坡路时，我进行了大量的研究和调查以寻找新的答案。今天，我是个不错的商人，然而如果我只是坐在教室里，读书，听老师讲谁有可能、谁不可能拥有自己的公司的话，我今天恐怕就无法拥有哪怕一家公司了。

每个孩子都有自己独一无二的学习赢配方，父母的职责就是观察和支持孩子选择最适合自己的配方。如果孩子在学校学得不顺利，家长就要跟孩子一起研究这种不顺利。但不应让孩子感到沉闷，要支持他们找到最佳的学习方法。

如果你的孩子在学校学习成绩很好而且很喜欢学校，你应该感到庆幸，那就让他们去享受学校的生活吧。但是，假如他们不喜欢学校，你就得让他们知道自己仍然是个天才，然后鼓励他们去寻找一种在只承认一种天赋的学校体制下继续学习的方法。如果他们能学会这么做，那么他们就获得了在现实世界中也同样适用的出色的生存技能，因为在现实世界里生存，需要不止一种天赋。这就是我爸爸鼓励我做的事，他鼓励我去寻找自己的学习方式，尽管我很讨厌学校所教的东西，但这就是现实生活对你的磨炼。

成了一名职业学生

我注意到很多在学校成绩很好的人根本不担心自己能否在社会上生存。孩子们认为成绩好就意味着将来能过最好的生活，所以“取得好成绩”就是他们所谓的生存技能。当然在他们年纪还小的时候的确如此，可当他们长大成人，需要离开学校去适应现实生活时，问题就出来了，因为现实生活需要各种各样的技能。

我认为，凡是希望通过在学校取得好成绩来谋生的孩子都特别容易变成职业学生。一些人可能永远不会离开这个体制——其中一些人会一直读到博士，通过延长在校时间寻求保障。我的穷爸爸就是这样，直到他的家人患病，才不得不离开学校进入现实世界开始自己的职业生涯。他说：“如果你需要教育这堵墙将你与现实世界隔离，待在里面是很容易的。”

侵蚀自我认知

我曾经说过，债务和缺乏财务安全感会侵蚀一个人在财务上的自我认知。换句话说，如果你遭受过太多的财务挫折，或感到自己被工作需要和工资保障牢牢地捆住了，那么你在财务方面的自信将会瓦解。同样的事情也会发生在孩子的学业方面，哪怕只是听见别人说他们不如别的孩子聪明，他们也会丧失学习上的自信心。如果没有爸爸的帮助，我会早早离开学校，因为没人喜欢别人说自己笨。我知道自己并不笨，我只是对老师讲的课不感兴趣。但不管怎样，我可怜的成绩的确侵蚀着我在学习上的自信心。是我的聪明爸爸在这段令我痛苦不堪的日子里保护了我。即使我成绩差，甚至不及格，他仍然一再打消我的疑虑，让我确信我仍然是个聪明的孩子。而且为了把学上完，我知道了必须找到适合自己的学习方式。如果没有爸爸的爱和他独特的教育方式，我一定会中途辍学，并因此受到伤害，愤愤不平，而且会时时感到自己比学习成绩好的人低一等。换句话说，如果没有我聪明的爸爸，我在离开学校时只会学到输配方。

无论你的孩子在学校里成绩如何，你都应关注并鼓励他们去寻找自己的学习配方。因为当他们离开学校进入现实世界时，教育才真正开始。

老师在作弊

很多家长都会关注孩子的考试分数有没有下降，而为了提高考试成绩，老师们也承受着巨大的压力，这使他们饱受困扰，有些老师甚至不惜弄虚作假。2000 年 6 月 19 日，《新闻周刊》发表了一篇题为《当老师成为作弊者》的文章：

对我国的公立学校来说，今年的春天是个令人尴尬的季节。在马里兰州的郊区，在上个月家长指出他们的孩子在州考试中被事先告知正确答案后，一名小学校长引咎辞职。在俄亥俄州，官员正在调查哥伦布小学考试作弊的责任人。该校前不久还因学生分数提高而受到克林顿总统的称赞。在纽约市，30 所学校中有不止 48 位教师和管理者被指控教唆他们的学生在市或州等多种规模的考试中作弊。

教唆孩子们作弊的确是件糟糕的事情，当学年结束时，很多老师和校长都将面临以不正当手段干预升学考试分数的指控。这些分数将决定从孩子能否升级到地区年度预算在内的所有事情。

文章还写道：

问题在于，大家所追求的不是学生的高素质而是考试的高分数。

在一些地区，教育工作者若能提高学生的分数，就能得到大约 2.5 万美元的奖金。在另一些地方，如果不能保证学生的升学率，校长就会丢掉饭碗。

这篇文章还提到，学校正在教孩子们如何考试而不是让他们接受扎实的教育。换句话说，老师给孩子们答案让他们通过考试、取得高分，而不是让他们成为真正受过良好教育的孩子。

一些专家认为这种“应试教育”的做法比单纯的作弊行为更可怕，伦祖利称之为新版的“3R”[①]，即“填鸭式”(Ram)、“死记硬背”

---

① 通常所说的“3R”是指阅读（Read）、背诵（Recite）、复习（Review）。

（Remember）和“照本宣科”（Regurgitate）。“这很荒谬。”莱斯大学教育学教授、《学校改革的矛盾：标准化考试的教育代价》的作者琳达·麦克尼尔说。她还说得克萨斯州的一些孩子在几个月里除了准备考试什么事都不做。她说：“你在教孩子们学了就忘，就像教他们在大脑里使用‘删除键’一样。这是对学校教育的最大欺骗。”

作弊的老师是怎么被抓住的

每当我说孩子比成年人聪明时，常常遭到许多聪明的成年人的白眼。然而我仍记得当我还是个小孩子时，我与生活的合拍程度远远超出了老师和父母的预料。比如，我比妈妈和她的朋友都更早地了解《花花公子》的首发刊。今天，借助因特网，孩子们与新鲜事物接触得更加频繁，我们却仍然把他们当做小孩子来看待。《新闻周刊》在随后的报道中说：马里兰州的校长被抓是因为孩子们知道她在作弊。同一期的《新闻周刊》上刊登了下面这篇题为《苦涩的一课》的文章，报道了事件的整个经过。

> 孩子们是这场丑闻中的英雄。当模范人物教你不诚实时，会发生什么事情？
>
> 在孩子们当中先产生了一些迹象，他们在楼道和操场上交头接耳，并在放学后把一切告诉了家长。一些五年级的学生开始描述校长的所作所为，当时她正在监考5月中旬进行的州评考试。据说一些已经交卷的孩子被校长召集在一起，让他们“重新检查”自己的答案。“你们也许想再检查一下。”孩子们说她是这样说的。她还多给了另一些学生20～45分钟的延长时间。在试卷的“社会调查”部分，据说她拿了一张地图并指给学生看考试中

涉及的国家。

孩子们感到既烦恼又疑惑。“一些孩子对其他人说‘我认为她没有权力这么做’。”一个五年级的孩子告诉《新闻周刊》。另一个10岁的学生说，在数学考试时校长多给了他一些时间。“还有一部分是关于语言艺术的，”他继续说，“校长帮我得出了正确答案。当时，我心里的确认为她是在作弊，但我不敢说，我怕惹上麻烦。”另一个家长告诉《华盛顿邮报》，她的孩子回家后问她：“妈妈，我认为今天的考试是作弊，但校长为什么要这么做呢？”

不能为了学习而学习

今天，在学校体系内正上演着一幕幕悲剧。2000年5月7日，星期天，《亚马逊共和报》上刊登了一篇题为《洛杉矶学校将使成千上万名学生留级》的文章：

> 洛杉矶——全国第二大学校体系，放弃了今年让相当数量的学生考试不合格的计划。但由于它同时取消了差生也能自动升级的制度，因此今年秋天，仍会有1.35万学生留级。
>
> 洛杉矶联合校区长官起初希望让该体系中71.1万学生中的1/3留级，也就是大约23.7万名学生。但后来这个提议被否决了，因为考虑到大量学生不及格会削弱学校的功能。
>
> 换句话说，洛杉矶学校体系未能教给这20多万名孩子基本的学习技能，却想让他们在这个体系里留级，就像排水沟被毛线球堵住了一样。该体系所做的只是降低升级的门槛，并把孩子们赶到现实世界里去。我认为，失败的是这个体系，而不是孩子们。

为什么私立学校和家庭学校越来越多

不止孩子们意识到他们在这一极为重要的教育阶段上当受骗。多年来，家庭教育被视为激进的家长们涉足的边缘地带。而今天，却有越来越多的父母不是让孩子到学校去，而是让他们在家中接受教育。据报道，家庭学校正在以每年15%的比例增加。许多人说孩子在家里得不到很好的教育，但2001年，也就是千禧年后的第一年，来自家庭学校的学生却获得了全国的拼写竞赛奖。政府特许创办的学校正大规模增加，效仿蒙台梭利和鲁道夫体制的学校也在迅速增加。也就是说，父母正在从政府那里把教育孩子的责任拿回来。

这些家长有一个获取相关信息的地方，那就是丽贝卡·科亨德费尔建立的网站www.homeschool.com，这个网站拥有所有的父母都需要的大量信息，丽贝卡和我们有同样的信念：和家长一起帮助孩子为他们将要面对的现实世界做好准备。

穷爸爸的顾虑

很多年前，身为学校教师的爸爸试图去改变这个体制。他意识到不同的孩子各有天分，他还意识到现行体制是个“一刀切”的体制，它只适用于30%的孩子，对其余的孩子来说它却十分可怕。爸爸常说：“这种体制比恐龙还可怕，因为至少恐龙会灭绝，但教育体制却永远不会消亡。它更像是一条鳄鱼，哪怕恐龙都灭绝了，这种爬行动物却仍能存活。”他还说：“教育体制无法改变，因为我们设计的就是不会改变的体制。”

我们都知道老师们总在尽力教育孩子，可问题是，这些老师是在一个被设计得一成不变的体制里工作的。这是一个仅为生存设计的体制，是一个毒化孩子从而减缓他们成长速度的体制，而不是一个能够适应变化、快速发展的体制。他们在给了那些表现活跃的孩子们“毒品”之后，又接着对这些孩子说“不要吸毒”。对我而言，在这个体制下生存真是苦不堪言。这是我所知道的唯一一个没有向顾客提供满意的服务却反而把自己的失败归罪于顾客的行业。他们会说“你们的孩子学习能力有缺陷”，而不会说是这个体制让人感到枯燥乏味，更不会说“作为一个体制，我们的教学能力有缺陷”。没错，这是唯一一个把自己的失败归罪于顾客的行业。

许多年前，我父亲认识到这个体制存在着很大的缺陷。当他发现大多数英语国家使用的这种教育体制源于几百年前的普鲁士时，他变得非常不安。当他进一步认识到这不是一个设计用来教育孩子而是用来培养好士兵和好雇员的体制时，他更加不安起来。一天他对我说：“在学校体制里，我们之所以用‘幼儿园’（kindergarten）这个词，是因为我们的体制源于几百年前的普鲁士。‘kinder’在普鲁士语言中意为‘孩子’，而‘garten’是‘花园’的意思。换句话说，‘孩子们的花园’就是指孩子们要由国家来进行教育，或‘灌输’。设计这种体制的目的是从父母手中拿走教育孩子的职责，把孩子教育成能够最好的满足国家需求的人。”

“小学”一词源于何处

穷爸爸曾说：“头几年的学校教育被称为‘初级教育’（elementary）[①]的原因是，我们这些教育工作者从学习内容中抽出

① elementary，形容词，意为基本的、基础的、小学教育的。element为其名词形式，意为元素、要素、成分。

‘有趣的科目’并把它分成各个要素（element）。当你从学习过程中抽出有趣的科目后，教育就变得枯燥乏味了。”他进一步解释说：“例如，一个孩子对建造房子感兴趣，而与建造房子相关的科目却被拆分成各个部分，如数学、科学、写作和艺术。所以在学校里学得好的应当是对数学、写作、科学等课程感兴趣的学生。但是，对更大的科目感兴趣的学生，如对建造房子感兴趣的学生，会感到厌倦，因为他们感兴趣的科目被拆分掉了，只剩下组成该科目的各个要素留待学习。这就是‘小学’或‘初级教育’一词的出处，也是很多学生认为学校无趣的原因。有趣的科目已经被拆分掉了。”

我认为，家庭学校和私立学校越来越多的原因之一是，它们从政府手中收回教育的权力并把这一权力还给父母和孩子。

从武士到医生到教师

我爸爸的家族在日本封建王朝时期是骑士阶层，或称武士阶层。在被美国海军准将佩里敲开国门后，日本开始与西方贸易，封建王朝也随之瓦解，我们家族开始放弃武士生涯，改行行医。我爷爷本来也应该成为医生的，但是他远离国土来到了夏威夷，所以这根链条就从他那里断开了。虽然爷爷没有做医生，但他希望自己的儿子能上医学院，可爸爸也没有继承祖业做一名医生。

当我问爸爸为什么不去当医生时，他说：“上高中时，我开始思考为什么这么多同班同学会突然从学校中消失。我的朋友前一天还在学校，可第二天没准儿就不来了。我很好奇就去问学校的管理人员，但仍不明白。很快我发现只要甘蔗和菠萝种植园需要人手，学校里亚裔移民的孩子就会消失至少 20%。种植园通过这种方式保证了未受过教育的劳动力供应充足。当我发现这件事后，我的血液沸腾了。从那时起我决定进入教育系统而不是医学领域，我想确保教育体制能向每一个孩子提供接受良好教育的机会。为了使每个孩子都能接受最好的教育，我不惜和大公司及政府对抗。”

爸爸终生都在为改变这个体制而奋斗，但最终却成了他期望改变的体制的牺牲品。他晚年被评为夏威夷 150 年来公共教育史上的两位杰出教育者之一。虽然他的勇气得到了教育界人士的认可，但这个体制依然没有什么变化。正如我之前说过的那样，人们在设计这个体制之初就没打算要改变它。这并不是说这个体制对所有人都一无是处，至少它让在这个体制中表现出色的那 30% 的人受益匪浅。可问题是，现行体制是在数百年前的农耕时代设计出来的，那时还没有汽车、飞机、广播、电视、电脑和因特网。然而，这个已经跟不上科技和社会发展的制度却比恐龙还顽强，就像鳄鱼一样。因此爸爸非常重视在家中指导我们的学习，他常说：“发现你们的天赋比让你们取得好成绩更重要。”换句话说，每个孩子学习的方式和内容各不相同。至于父母，就该勤于观察孩子能学得最好的方式，然后支持他们发展自己的学习赢配方。

每当我看到婴儿，我就看到了对学习充满热情的小天才，几年后，当我再次看到这些小天才时，他们已经对学校感到厌倦，并且不理解为什么要被迫去学习与他们不相干的东西。据报道，许多学生感到耻辱，因为评价他们的标准，是按照他们并不感兴趣的课程的考试分数来设定的，而他们却在这样的标准下被贴上了“不聪明”的标签。一个年轻人对我说：“并不是我不聪明，我只是不感兴趣。你们要先告诉我我为什么非得对这些课目感兴趣以及我该怎样运用它们，那样我或许会愿意学习。”

问题不仅仅是成绩不好。当然，爸爸认为分数会对一个学生的未来造成正面或反面的影响，担心不好的成绩会影响学生的自我认知和自信。他常说：“许多孩子兴高采烈地去上学，但是很快就离开了学校，他们唯一学会的就是讨厌学校。”他建议：“如果您的孩子正在学着讨厌学校，那么在孩子人生的这个阶段，父母最重要的工作不是逼着孩子去取得好成绩，而是要让他们留住上帝赐予的热爱学习的天赋。要发现你的孩子与生俱来的天赋，找出他们的兴趣，留住他们的学习热情，即使这种热情不在课堂上。”

现实是孩子要学的东西远比我们要多。如果不这样，他们就会在下一章要提到的另外两张赢配方上落后。所以我认为，在家里发展孩子的学习赢配方远比他们在学校里的考试成绩重要。穷爸爸和富爸爸都说：“当你走出校门并进入现实生活时，真正的教育才刚刚开始。”

第6章
你的孩子会在30岁落伍吗

当我还是个孩子的时候，我的父母为我预设的人生道路是：从学校毕业、找份工作、当个忠诚的雇员、在公司努力往上爬，并且待在那里直到退休。退休后，我会得到一块纪念金表，然后在某个退休员工俱乐部玩高尔夫球，直到太阳落山才开着我的高尔夫球车离去。

越老越不值钱

终生从事一份工作是工业时代的想法。从1989年柏林墙倒塌到因特网建立，世界和就业规则都发生了改变。“人越老越值钱”（对企业而言）的规则也发生了变化。在工业时代，人的确是越老越值钱，但在今天完全反了过来。在信息时代，许多人越老越不值钱了。

这就是孩子的学习赢配方要及时跟上时代变化的原因。一个孩子的学习赢配方必须是经过精心策划的，这样才能跟得上职业赢配方的变化。换句话说，你的孩子可能在30岁左右就跟不上时代的步伐了，此时他就需要学习一个新的赢配方，以便跟上由市场决定的职业需求的变化。说得更清楚些，如果你的孩子还保留着一生只干一份工作的想法，而没有做好快速学习和改变的准备的话，那么随着岁月的流逝，你的孩子将会被远远地抛在后面。

好成绩不代表一切

未来并不属于只能在学校里取得好成绩的学生，而是属于有最好的学习赢配方和最新的技术理念的孩子。比学会怎样通过考试得高分更重要的是，孩子需要学会如何学习，如何改变自己，以及如何比同龄人更快地适应生活。为什么呢？因为未来的雇主和公司会把更多的钱付给今天的学校没有传授过的技能。看看今天公司的需求状况就知道了，需求最旺的是懂网络的人才，而几年前学校里并没有设置这门课程。市场最不需要的是我们这一代人——只想要高薪却与信息时代脱节的人。

员工短缺

当市场还存在着员工短缺的现象时，大谈人们会被淘汰可能显得有些奇怪。我有个朋友毫不担忧地对我说："我年龄大，还不懂计算机，可那又如何？到处都是工作，我想去哪里工作，就可以在哪里工作。"

我们的确存在员工短缺的问题，可这仅仅是因为我们正处于经济繁荣时期，几年后，押在现有公司身上的数十亿美元就可能撤出这个行业了。当这些脆弱的新技术企业因缺乏资金而开始走向破产时，就业市场上的工人就会泛滥。而随着这些公司的倒闭，其他一些企业也会受到影响。

繁荣和衰退

要想更好地了解我们所处的繁荣时期以及员工短缺现象，只需回顾一下多年前的繁荣和衰退就可以了。

1. 1900年，有485家汽车制造商，到1908年，仅剩下一半。今天，这485家汽车制造商中只有3家还存在。

2. 1983年，美国有大约40家计算机生产商，到今天只有4家生存了下来。

3. 1983年，Burroughs、Coleco、Commodere和Zenith还是新兴计算机技术的领导者。今天，计算机行业中的许多年轻人从未听说过这些公司。

4. 因特网的建立正把大笔大笔的资金拉入这个市场。但是当它们无法赢利并把资金最终用完之后会发生什么事？市场还会继续存在员工短缺和高薪工作遍地的现象吗？

5. 技术将跨越洲界。今天，几乎我去过的每个国家都有一个称做“硅谷”的地区。将来与你的孩子竞争同一个职位的对手可能并不会在自己的国家谋职，而且他们并不要求同样的工资水平。

你会在多大年龄时显得衰老

最近在澳大利亚，我的朋友凯利·里奇递给我一份当地报纸《西澳大利亚报》。“看这儿。”凯利说，“这篇文章实际上总结了你多年来想告诉别人的事情，就是人们应知道自己在多大年龄时会显得衰老。它还证明了一个人的衰老程度与他的职业有关。”这是2000年4月8

日的报纸，上面有一篇题为《你错过了机会吗》的文章，还分别附了一位年轻的平面设计师、一位体操运动员、一名律师和一名模特的照片。在代表不同职业的每个人的照片下面，都有一行说明文字：

1. 平面设计师	职业生命：30年
2. 体操运动员	职业生命：14年
3. 律师	职业生命：35年
4. 模特	职业生命：25年

换句话说，在这些职业中，当你超过年限后，你就会显得衰老。这篇文章的开始是引用了一个并非超级模特的模特的故事，她每星期能挣2000美元，到了28岁时她却失业了。这篇文章写道：

> 许多职业都有一条终结职业生涯的“自动引爆线”，在20、25、30或40年后结束你的职业生涯。不论这出现在什么时候，它总是早于你的退休年龄。这种结束可能是体能上的限制，如模特的容颜老去，运动员的身体机能衰退；也可能是精神上的：数学家总是出错，广告与设计界的精英创意不再新颖，也不再能挣到钱；还有可能与精力有关：投资银行家和律师到了40岁时可能会因为精力衰退、离婚或者体力不支而开始走下坡路，也许这3种情况都会发生。但这并不意味着你不能再从事该行业的工作，但到达事业巅峰的机会已然错过，你仅仅是一个失败者。

这篇文章还写道：

> 假设你20岁开始职业生涯，勤奋工作数年，慢慢地、一个

台阶一个台阶地往上爬，那么直到55岁左右你才能接近目标，而一生的光阴已经过去了大半。今天的现实却是，如果你在40岁时还达不到目标，你就永远都不会成功了。在一些行业，你在20或25岁时就要考虑是否需要换一种新的职业。在大大小小的城镇中，到处都能看到上了年纪的平面设计师，他们在干着一些上色或陶艺方面的零活儿，或者经营着一家当地的面包坊……

墨尔本大学就业中心的负责人迪·拉希格说，目前人们在40岁左右达到职业生涯的巅峰，之后便开始走下坡路，这个趋势说明，人们应该多为他们的下一项职业做准备，并花些时间为这种新职业接受再培训或求诸网络。她说有些职业，像平面设计，就是属于年轻人的职业，超过40岁的人就会被排除在外了。

那么老员工会怎样呢？文章说道：

在这个时代，为了跟上行业的步伐，人们应当像蜜蜂一样：充满活力、雄心勃勃，并愿意一天工作12个小时。

老员工中最优秀的会被推上管理层，剩下的则会被淘汰，而打击这些老兵的方法也是容易得令人吃惊。去年9月份，国内一家计算机公司登广告招聘一名程序测试员。所有应聘者自然都不遗余力地运用出色的专业技能来制作精美的求职简历。

当然，他们都能胜任这份工作，可是机会只有一个，招聘者是怎样把最好的应聘者筛选出来的呢？

其实很简单。“我们只看申请表上的出生日期，然后将他们分成35岁以上和35岁以下两组。”该公司内部人士如是说，“35岁以上的不予考虑，这样做虽然不合法，但难道不符合达尔文的进化论吗？”

适者生存，年轻人有更多的机会。

穷爸爸的“自动引爆线”

许多读过我前几本书的人可能知道，我对这篇文章中提到的职业生涯“自动引爆线”的说法非常敏感。对那些未曾读过我的书的读者，我简要介绍一下：我的穷爸爸是教育厅的官员，他在50岁那年触到了他的“自动引爆线”。他是个受过良好教育、诚实、勤恳的人，致力于改革夏威夷州教育体制，但在50岁时丢掉了工作，并且不具备除教育之外的其他生存技能。虽然在学校里他曾是个了不起的高才生，有自己很好的学习配方，但在他的职业赢配方失败之后，他却无法利用他的学习赢配方接受再教育，从而学到在现实生活中的谋生之道。

在没有出路的工作中辛勤工作

我的朋友凯利·里奇之所以寄给我那篇刊登在《西澳大利亚报》上、题为《你错过了机会吗》的文章，是因为这几年来，我一直在我的课上对学生说：“大多数人会听从父母‘上学，取得好成绩，找份安定、有保障的工作’的建议，可这已经是老观念了，是工业时代的观念。”而且问题在于，很多按此建议行事的人都被一份没有出路的工作困住了。也许他们的确成绩不错，也找到了一份安定、有保障的工作，挣了不少钱，可问题是，这份工作并不能让他们成功。

许多人辛苦地工作，收入也很高，但身心俱疲，甚至精疲力竭，然而他们仍然没能找到帮助自己走出困境、到达巅峰的梯子。他们只有沿着这条路走下去，或许在某个地方已经触及“自动引爆线”，自己还全然不知。他们仍然会有份工作，或者还有业务可做，但是这条路上已经没有通往巅峰的梯子了。我有很多朋友在学校成绩很好，有些还继续攻读了硕士和博士学位，并在40岁时取得了一些成功，可也就在这个时候，他们的职业神话戛然而止，反而开始走下坡路。我认为这种情况的出现是因为学习赢配方已经不再起作用，从而导致职业赢配方也不起作用。换句话说，我的朋友们用的还是同一个学习赢配方，但这个配方再也不能创造职业神话了。

40岁时富有，47岁破产

我有个同班同学，他在上高中时学习成绩非常好，后来考上了东海岸一所常春藤盟校，毕业后回到了夏威夷。很快他加入了他父亲所在的社区俱乐部，并和一个俱乐部成员的女儿结了婚，婚后还有了几个孩子。现在，他的孩子们也上了他上过的私立学校。

工作了几年，积累了一定的经验之后，由于得到了高夫球友的帮助，他参与了一些非常大的房地产交易。他的笑脸出现在当地商业杂志的封面上，并被誉为新兴产业的领军人物。40岁之前，他的生活一帆风顺。20世纪80年代末，由于日本人从夏威夷抽回了投资，夏威夷的房地产市场开始不景气，他也损失了大部分财产。由于他惹上了官司，妻子和他离了婚，现在他不得不承担两个家庭的开支。47岁那年，他破产了，只剩下一大堆尚未支付的账单。

几个月前我又见到了他。刚过50岁的他，已经基本上从失败的阴影中走了出来，甚至还新交了个女朋友。但无论他说得多好，干得多棒，我都认为他的热情已逝，毕竟一些事情改变了他的内心。现在他比以往任何时候都更加努力地工作，只为保持几年前的形象。他看上去更加愤世嫉俗，也更加暴躁。

一天晚饭后，他的女朋友正和我们谈她刚刚成立的网络公司。她很激动，因为生意看上去很顺利而且收到了来自世界各地的订单。忽然我的朋友打断了她。那天他似乎喝了很多酒，内心的压力打破了他表面的镇定。显然他被女朋友新事业的成功还有自己的不成功激怒了。他冷冷地说："你怎么会干得好呢？你根本没上过像样的大学，也没有硕士学位，况且，你也不像我一样认识那些有头有脸的人。"

当晚，我的妻子金和我在开车回家的路上谈到了这位朋友的失态。"他现在仍然想用他在过去取得成功的方法来做事，可这种方法已经不再起作用了啊。"

我点了点头，想起了那份澳大利亚报纸上说的"撞上了自动引爆线"。我还想起了那个年轻人说他按应聘者的年龄把简历分为 35 岁以上和 35 岁以下两组；我还想到了被裁员后买了旅行社特许经营权的阿德里安，她现在还在法学院，期待 57 岁时毕业；我自然也想起了我聪明的穷爸爸，他坚信良好教育的力量，虽然他所受的良好教育在他晚年并没能拯救他。最后我从沉思中回过神来，对金说："听上去有点像新经济时代的思想与旧经济时代思想的对抗。"

"你是说他的女朋友具有新经济时代的头脑，而他还守着旧经济时代的思想？"金问道。

我点点头表示认可："我们可以丢掉'经济'这个词，只用说她有新思想，而他仍在用他高中时形成的旧观念。他们俩只相差几岁，但他的女朋友的思想很新，不是指她的思想是刚出现的，而是说对她而言，这些思想是新鲜而充满活力的，所以她看上去也新鲜而充满活力。而他的思想却一点都没变，他还固守着孩提时就有的思想，40 年都没有变化。"

"所以人是不会过时的，过时的只是观念。"

"是的，就是这么回事。他的观念，尤其是他的赢配方已经过时了。"我答道，"他每天一大早就起床去上班，不再是城里那个充满好奇心的孩子，也不再是那个一呼百应的新思想的鼓吹者。他现在只是一个抓着旧观念不放的老家伙，虽然他才 50 岁。问题是，他早在 10 年前就老了、过时了，而他自己根本没有意识到。他仍然按照以前的赢配方行事，而不愿作丝毫的改变。今天他还在拿着简历满城跑，与那些和他的孩子一样大的年轻人竞争工作机会。"

"所以说，'上学，拿高分，找份好工作'的建议在他的孩提时代的确是个好建议，"金说，"但当他长大成人后，这个建议就不再适用了。"

"可问题是他被他的赢配方困住了，却浑然不觉。"我轻声附和，"他没有认识到过去的好建议现在已经变成坏建议了，他的前途真让人担心。"

"被困住还不知道？"金问道。

"我爸爸 50 岁时也遇到了这个困难，在他的孩提时代，'上学，然后找工作'是个好建议，甚至是个了不起的赢配方。他拿了高分，找到了好工作，还走到了职业生涯的巅峰。而后这个配方就失效了，他从此开始走下坡路。"

"而他还始终用着同一张配方。"金说。

"不仅如此……这个配方越是不起作用，他就越觉得没有保障，他就告诉越多的人听从他的建议。"

"这张配方越是不起作用，他就告诉越多的人听从他的建议？"金不解地问，更像是在自言自语。

"我认为他有两个误区。"我说，"第一个误区是，由于他的方法不再奏效，他因此遭受挫折并感到疲惫不堪，但他依然一意孤行。第二个误区是，他始终停留在过去，那是他的配方发挥作用的时期。因为他的配方过去曾经起过作用，所以他确信今天他所做的事情依然是正确的。”

“所以他劝告别人也按他的路走，”金说，“即使这已经行不通了。”

“我认为他这么做是因为，这是他所知道的唯一对他起作用的配方，他不知道这张配方并不能永远起作用。”

“如果他认识到了这一点，他就会告诉别人他的经历。”金说，“他会变成新方式的宣传者，他会大声呼喊‘我发现了一条新路’，只有到那时，只有到他发现了适合他的生活的新的赢配方时，他才会和旧的方式决裂。”

“希望他能发现，”我答道，“在你毕业时，没有人会送给你一张通向成功的路线图，因此一旦迷了路，我们中的许多人就会在丛林里绕圈子，并希望重新找到出路。一些人找到了，而另一些人没有。当你无法找到新的路线时，你就会停下来怀念那条老路，这就是现实生活。”

中学时代的英雄

前面我曾提到电视剧《奉子成婚》中的主角爱尔·邦迪。爱尔·邦迪实际上是个具有悲剧色彩的角色，他高中时曾是个英雄，但在以后的生活中却没有改变他的赢配方。在这部剧里，爱尔站在鞋店里卖鞋，可脑子里却回想着他拿下 4 次触地得分为他的高中赢得比赛的情景。也许有一天我们都会变成爱尔·邦迪，坐在摇椅里，追忆往昔的辉煌。但问题是，你还不准备回忆，还想成就更大的事业。你只能活在现在，却试图捕捉往日的快乐。如果你无法从昔日的光环中走出来，你就会像那些上了年纪的职业拳击手，昔日夺得大奖今天却被年轻的对手轻松击败。他们用过时的套路比赛，只是为了唤醒自己过去的记忆。

许多人在学校成绩很好，或在他们的上一份工作中表现不俗，可总有一些事情会使他们不再风光。高中校友会里随处可见没有任何长进的昔日足球明星或学习尖子。如果10年、20年或30年后你再遇到他们时，你就知道曾经的神话已经不复存在。如果他们生活得不顺利，也许是时候考虑改变陈旧的职业和学习赢配方了。今天，一定要让你的孩子知道，不断改变自己是他们未来生活的一部分。事实上，应当让你的孩子知道，快速改变和学习的能力远比今天在学校里学到的东西更重要。

家长的观念

几年前，我看过一个电视节目：母亲把女儿们带到她们工作的地方，让女儿们看她们是怎样工作的。电视评论员对这种做法大为赞赏，并说："这是个大胆的想法——母亲在教孩子们成为未来的好雇员。"

我只能说，这是个多么过时的想法呀！

今天，当我和年轻人谈话时，我常问他们使用的是谁的赢配方，自己的还是父母的？

20世纪60年代，当我还是个孩子的时候，大多数父母会用带着一丝恐慌的语气对孩子说："只有接受良好的教育，你才能找到一份好工作。"之所以恐慌，是因为这些家长都生长在大萧条年代—— 一个找不到工作的年代。我父母那个时代的许多人都出生在1900 ~ 1935年之间，他们所经历的情感方面的恐惧、由失业和缺钱带来的恐惧极大地影响着他们的思想、言语和行为。

然而今天，如果你环顾四周，你会发现到处都是招聘信息。雇主们急于找到能读会写、乐观、易沟通、有培养潜质的人。专业技能是很重要，但对雇主来说，其他方面的特质可能比专业技术更重要。虽然到处都有工作机会，我还是不断听到年轻的家长们对他们的孩子用同样恐慌的语气说着同样的话："只有接受良好的教育，你才能找到一份好工作。"

当我听到有人说"你这么说是因为你有工作，你是饱汉不知饿汉饥"时，我会说："放松，冷静下来，喘口气，然后看看周围，到处都是工作，大萧条已经结束了，停止传播那些过时的经验和建议吧。今天，只要你想要安定有保障的工作，你就能找得到，所以先停下来，想一想再说。"

一些人冷静了下来，而另一些人不愿意这么做。我遇到的许多人还是非常担心找不到工作，害怕自己不能给家里带来收入。大多数人无法理智地思考，因为曾经的恐惧已经从父母那里遗传给了孩子。

父母能做的最重要的事情之一就是，停下来，思考，并展望未来，而不是向孩子提出已经过时的建议。正如我所说的，大萧条已经结束。

许多孩子退学或不把他们的教育当回事，是因为"不接受教育就找不到安定、有保障的工作"这种威胁已不再奏效。学校里的孩子们知道他们能找到工作，他们还知道生活并不一定青睐学校里的学习尖子，知道挣钱最多的是体坛、歌坛、影坛的明星大腕。他们看到电视上的爱尔·邦迪有份工作，他们还看到父母也外出工作，终日辛苦，顾不上回家，只好雇保姆来照顾他们。于是孩子们会说："难道这就是我上学的最终目的？难道这就是我想要的生活？难道我将来还要这样对待我的孩子？"

我不得不停止我所擅长的事情

1994 年，当我 47 岁退休时，占满我脑海的，都是"我的余生要干些什么”这样的问题。休息尚未满一年，我就决定去做人们称之为“重塑自我”的事情了。这意味着我需要去改变我的学习赢配方和职业赢配方。如果不这样做，我很可能会像那些隔了一年多才重返拳坛的、上了年纪的职业拳击手一样。但要重塑自我，我就必须放弃我擅长和喜欢做的事，这意味着我要停止教授商业和投资课。为了重塑自我，我必须开始学习我需要学的东西以改变我的做事方式。为了做到这一切，我创造了一种桌面游戏来向人们传授我过去教过的东西，而且我不得不开始学习写作，要知道我在高中时写作课曾两度不及格。今天，我已经是一位广为人知的作家，比我以前从事任何职业时都更有名望。如果不是拥有学习、职业和财务赢配方，我是不可能在生活中取得如此巨大的进步的。同时，如果我不继续向前，我就会把47岁之后的时间花在追忆过去的美好时光和成功当中了。

工作安全对家庭生活有什么影响

今天的家长需要更聪明，因为他们的孩子更聪明了。父母们需要看到学校和工作安全以外的东西，因为孩子们也看得更远了。他们看到了工作安全对他们家庭生活的影响，看到了他们的父母有工作但没有生活，这些都不是大多数孩子在未来想拥有的生活。要想成为与你的孩子亲密无间的成功父母，你们必须仔细考虑孩子的未来，而不是你们自己的未来。今天的父母需要与孩子分享对未来的看法，而不是强迫孩子必须遵从父母对未来的看法——一种基于过去的、已过时的看法。

我曾在前面提到，父母和孩子之间的许多冲突都是由双方的赢配方不同而引起的。例如，父母说“你必须去上学”，而孩子则说“我要退学”，这就是赢配方相冲突的例子。父母要想与孩子建立良好的关系，就必须尽力从孩子的视角看问题。很显然，孩子能看到问题的一些方面，但是他们可能看不到良好教育的重要性。所以，我并不主张父母们缴械投降，听任孩子们为所欲为。我建议父母应越过赢配方的冲突并尽其所能地了解孩子心里的想法。我知道这样做并不容易，但其结果一定胜过争吵。

一旦父母看到了孩子看到的事物，了解了孩子想去的地方，就有了与孩子进行沟通的机会，也就能够给孩子一些指导。这很重要，因为如果父母只是对孩子说“我不许你这么做”，孩子就可能非要去尝试一下，或已经尝试过了。长远来看，分享孩子的观点并减少赢配方间的冲突对指导孩子至关重要。

一旦良好的交流和沟通适时发生，我建议父母与孩子们分享这样的观点，即他们一生中可能有多种职业，而不是一辈子只从事一项工作。如果孩子能接受这个观点，他也许会更加重视教育。如果孩子更重视教育并能终生学习，那么跟他讲一个人的赢配方不断发展和留在学校的重要性就很容易了。我认为以上这些非常重要，因为任何一位父母都不想让他们的孩子困在没有出路的工作里，以至于孩子的年龄越大，就越不值钱。

观念的比较

工业时代	信息时代
工作安全，任职期	自由人，虚拟公司
按工龄取薪	按绩取薪
一份工作	多种职业
65 岁退休	提早退休
按时上下班	想工作时才工作
学校	研讨会
学位和资历	核心素质

老经验	创意
公司退休金计划	自己管理的证券组合
政府退休金计划	不需要
政府医疗计划	不需要
在公司工作	在家工作

总之，你和你的孩子比你的父辈有更多的选择。上面所列的工业时代的选择并不比信息时代的更好或更糟，我想说的是，今天的选择更多，而且孩子们了解这一点。今天面临的挑战是，学校系统和父母应当帮助孩子准备好学习的技能，以便他们将来能有尽可能多的选择。我认为，父母并不希望孩子因为听从了他们“上学以便你能找份工作”的建议而被财务问题困扰终生。今天的孩子需要得到比以往任何时候都更丰富、更好的教育。

最后的说明

在我给成年人上课时，当我对他们说是“上学、找份工作”的建议束缚了他们时，许多人举手，期望我作进一步的阐释。很多人都能理解，当他们还是孩子的时候，这是一个好建议，而当他们长大成人后，这就不是个好建议了。不过他们现在想要了解得更清楚。

在一次课堂讨论中，一个学员问：“拥有一份好工作怎么会束缚我呢？”

“好问题！”我说，“不是工作束缚了你，而是加在‘上学，而后找份工作’这句话后面的主题句束缚了你。”

“主题句？”学员问，“什么主题句？”

“主题句就是‘谨慎行事，不要冒险’。”

第7章
你的孩子能在30岁前退休吗

一天，我问富爸爸他富有的原因是什么，他回答：“因为我很早就退休了。如果你不需要去上班，就会有很多时间用来致富。”

穿过镜子

在前面几章里我提到过“家庭作业”，富爸爸说：“你很难因为工作而致富，但你待在家时能致富。这就是你必须做家庭作业的原因。”富爸爸通过和我们玩“大富翁”游戏来教我们获得财富的办法，这是他布置给我们的家庭作业。他抽出时间跟我和迈克一起玩游戏，尽力把我们的思想带进极少人看得见的世界。从9岁到15岁，我在思想上从穷爸爸的世界过渡到了富爸爸的世界。其实每个人看到的都是同一个世界，只不过各自的感知能力不同罢了。在富爸爸的世界里，我看到了以前从没见过的东西。

在路易斯·卡罗尔写的《爱丽丝漫游奇境记》一书中，爱丽丝穿过镜子到了另外一个世界，而富爸爸通过让我们玩“大富翁”游戏，带着我们穿过了他的“镜子”从他的角度看到了另外一个完全不同的世界。他没有对我们说“上学，取得好成绩，找一份安定、有保障的工作”，而是不断地鼓励我们改变思维方式，从另外一个角度思考问题。他总说：“买下 4 栋绿房子，卖掉它们，然后用这些钱去买一家红酒店。等你长大后，这个办法会让你成为富人。”我不确定他想让我了解什么，但我知道他想让我了解这样一个事实：他能看到我所看不到的东西。

作为一个孩子，我并不十分清楚他这么做的目的是什么。我只知道他认为买 4 栋绿房子、卖掉它们、再买一家红酒店是一个非常重要的想法。通过不断和富爸爸玩游戏，并把玩游戏看成是重要的事情，而不仅仅是孩子们的幼稚的游戏，我慢慢地开始改变思想，并开始用不同的方式看问题。一天，当我们拜访他的银行经理时，我的思想发生了根本性的转变。那一刻，我看清了富爸爸的思想，穿过了那面“镜子”看到了富爸爸眼中的世界。

自我认知的改变

当我旁听富爸爸和他的银行经理、房地产经纪人的会议时，我的思想发生了转变。他们讨论了一些细节问题，签了几份文件，然后富爸爸递给银行经理一张支票并从房地产经纪人手里接过了一串钥匙。这使我突然明白，他又买了一栋绿房子。随后我们坐上车，银行经理、房地产经纪人、富爸爸、迈克和我一起去看新的绿房子。车向前驶去，我突然意识到，我看到的其实是“大富翁”游戏的现实版。从车里出来以后，我看着富爸爸迈上台阶，把钥匙插进锁孔，转动钥匙，推开门，跨进去，然后说：“这是我的了。”

如我所说，我通过实际去看、去触摸、去感觉和行动能学得很好，而坐在那里听说读写却学不好。当我认识到游戏、绿房子和富爸爸刚买的房子之间实际上有联系后，我的思想和我的世界变了个样，因为我的自我认知发生了改变。我不再是那个家中面临经济困境的穷孩子，我正要变成一个富孩子，我对自己的认识正在转变。我不再只是祈求变得富有，在我的灵魂深处，我开始相信我就是富有的。我富有是因为我开始用富爸爸的眼睛看世界了。

当我看着富爸爸写支票、签文件、拿钥匙时，游戏、现实和绿房子之间的关系在我的脑海里突然变得清晰起来。我跟自己说我也能这么做，这并不难，我不必太聪明就能致富，甚至也不必取得好成绩。我的感觉就像是穿过“镜子”到了另一个世界，但这也让我与被我抛在身后的旧世界产生了一些问题。我发现了我自己的赢配方，它是由学习赢配方、职业赢配方与财务赢配方一起组成的赢配方，也是我将在我以后的生活中一直遵循的配方。在那一刻，我知道我会富有的，并对此深信不疑。我终于弄懂了“大富翁”游戏。我喜欢这个游戏，我看到富爸爸在用真钱玩这个游戏。既然他能做到，我知道我也一定能做到。

在两个世界之间穿梭

在思想上我穿过“镜子”穿梭于两个世界。问题是我正在进入的世界——富爸爸的世界似乎更加合情合理，而我离开的世界则看上去有些愚蠢。学校就像是疯帽匠、扑克牌军队和柴郡猫[①]的世界。星期一，老师会让我们交作业，然后她会布置更多的作业并让我们学那些我看不到、摸不到、感觉不到的东西。我被要求去学一些我知道我永远用不上的课程。我要解复杂的数学题，而我知道在现实生活中我可

① 疯帽匠、扑克牌军队和柴郡猫都是《爱丽丝漫游奇境记》中的角色。

能永远都用不着如此复杂的数学公式。我见过富爸爸买绿房子时用了多少数学知识，他用不着任何代数公式去买房子，简单的数学基础知识足矣。我知道买这 4 栋绿房子并不难，卖掉它们后买一家红酒店也易如反掌，也可以说是顺理成章。但这一切要顺利进行，你必须真的很想致富并且有足够的时间。要知道一家酒店能使你不费力气地挣到很多钱。我很迷茫，因为每次我穿过“镜子”，总觉得过去的旧世界比新世界看上去愚蠢。

我不知道为什么我们要学习一些从来用不着的课程——或者至少说这些课程从未告诉我们怎么应用于实际，接着针对我不感兴趣的课程还要考试，依据考试的成绩我被贴上“聪明”或者“蠢笨”的标签。对我来说，这真有点像爱丽丝到了那个奇怪的世界。

为什么我要学习这些课程

一天，我决定问个究竟。于是我鼓足了勇气去问老师：“为什么我们要学那些自己根本不感兴趣而且永远也用不着的课程，并且还得参加考试？”

她的回答是：“因为假如你不能取得好成绩，你就找不到好工作。”

这和我从爸爸那里听到的回答一模一样，听上去就像回音一样。问题是这个答案很没道理，学习我不感兴趣也没用的课程和找工作有什么关系呢？既然我已经找到了我生活中的赢配方，那么上学、学习我不感兴趣的课程以便找个工作（我根本没打算找工作）的想法就毫无意义。想了一会儿后我又问：“假如我不想找工作呢？”

话刚一出口，我就听到老师大声说道：“坐下，做你的作业。”

学校教育很重要

我并不是建议你让孩子退学并给他买个“大富翁”游戏。正规的教育非常重要，因为学校不仅教给学生基本的学习和学术技能，而且传授了一些专业技能。虽然我并不完全认可现行教育体制下的授课方式或授课内容，然而上学并完成大学或商学院的学业在今天对于取得人生的成功也几乎是必需的。

问题是现有的学校教育缺乏对财务技能的培训，也正因为它不传授这些技能，以致绝大多数孩子在离开学校时并没有准备好自己的财务赢配方。事实上，许多人是带着财务输配方离开学校的。今天，许多年轻人离校时背负着信用卡债务和助学贷款债务，他们中又有许多人将永远无法摆脱债务的困扰，一些人离开学校后就开始买车、买房、买游艇等。还有一些人去世时还给孩子留了一屁股债。换句话说，他们是受过良好教育之后离开学校的，离开时却没能带走一个非常重要的配方——一生的财务赢配方。

两个爸爸都担心

身为教育官员的穷爸爸感觉到现在的教育缺少了一些东西，但他一直都没弄清到底缺了什么。

而富爸爸却知道缺了什么。他知道学校没有教多少与金钱有关的东西，他知道缺少财务赢配方使得许多人拼命工作、依附于工作保障并且永远无法在财务上领先。当我告诉他我爸爸告诉我的那件事，即种植园雇用学生来保证稳定的工人来源时，他只是平静地说了一句：“什么都没变。”他知道人们抓住工作不放并拼命工作仅仅是因为他们不得不这么做，他也知道他会有稳定的工人来源。

他也为那些为他工作的工人们的财务境遇感到忧虑。让他烦心的还有，工人们为他辛勤工作，可回到家却陷入了更深的债务。他常说："你很难因为工作而致富，但你待在家时能致富，所以你必须要做家庭作业。"他清楚地知道，他的大多数工人从未受过任何最基础的财商教育，更别提做"致富家庭作业"了。这正是让他感到担心和悲哀的地方。

富爸爸的教学方式

我能从富爸爸那儿学到那么多，是因为他有一种独特的教学方式，一种最适合我的教学方式。

这里我再次提一提《富爸爸穷爸爸》中的那则故事：富爸爸在答应教我如何致富后，只付我每小时 10 美分的工钱。我为他工作了 3 个星期六，每次 3 个小时，每天总共挣 30 美分。最后我终于生气了，跑到他的办公室去告诉他这是在利用我。我站在他的办公桌前，气得一边哆嗦一边哭。一个 9 岁的孩子要求他结束这场不公平交易。

"你答应教我怎么变富的，可我已经为你工作了 3 个星期，却从来没有见过你。你一直没有来看我工作，更别说教我什么东西了。我是挣了 30 美分，可这根本不能让我变富。你究竟打算什么时候才教我？"

富爸爸靠在摇椅里，隔着桌子看着这个烦躁不安的 9 岁男孩。一番长久的沉默之后，他笑着说："我正在教你！如果你真的想变富，那我就正在给你上最有价值的课程。大多数人终其一生辛勤工作，却从未学到过你正在学的这一课，如果你肯学的话。"他停下来，躺在摇椅里晃来晃去，眼睛一直盯着我。而我，仍然站在那儿气得直哆嗦，他的话却在我的脑海里回响。

“你说的‘假如我肯学的话’是什么意思？我正在学的其他人从来没有学到过的东西又是什么？”我边说边用T恤衫的袖子擦了擦鼻子。我已经平静下来了，可听到他说他正在教我些东西却仍令我感到疑惑。自从我答应为他工作以来，就从没见过他的人影儿，可他现在却跟我说他正在教我东西。

几年后，我终于认识到这一课的重要性——大多数人不可能靠辛勤工作和工作安全致富。自从我认识到为钱工作和让钱为我工作之间的重要区别后，我开始变得有点聪明了。我意识到学校是在教我为钱工作，而如果我想致富，就需要学习如何让钱为我工作。虽然听起来差别不大，但这几个字的差别却改变了我在教育方面所做的选择，以及我花时间去学的东西。正像我的穷爸爸说的那样，智力就是发现细微差异的能力。我需要去学习的差异是，如果我想致富，怎样才能学会让钱为我工作。当我的同班同学都在努力学习如何找份工作时，我却在学习如何不必工作。

我理解了富爸爸所说的“大多数人从未学过这门课”的含义。富爸爸随后向我解释说，大多数人上班，领工资，花掉；再上班，再领工资，再花掉；再去上班……永不停歇，可从来没学过他正教我的这门课。他说：“当你让我教你致富时，我想，教你第一课的最好的方式就是，看看你要用多长时间才能明白为钱工作不会让你富有，你只用了3周的时间，而很多人终生辛劳却未能明白这一点。大多数人来找我只是要求加薪，但他们不知道，他们拿到的钱越多，就越不可能学到这门课。”这就是富爸爸的授课方式：先行动，再犯错，然后上课。读过我的第一本书的人都知道，富爸爸随后拿走了我仅有的每小时10美分的工钱，我不得不无偿为他工作。下一课开始了，只要我还想学。

桌子的另一边

另一门对我影响深远的课，被我称为“桌子的另一边”。在我9岁那年给我上过第一节课后，富爸爸意识到我急于学习如何致富，于是他开始让我看他是如何做事的，例如让我看他购买出租屋等。在我大约10岁的时候，他开始让我与他坐在一起，看他面试那些到他公司求职的人。我挨着他，坐在桌子的一边，听他问前来应聘的人一些有关他们简历的问题，以及对到他公司来工作有什么想法等。这个过程通常很有趣。不过我也看到没有上过高中的人甚至愿意干一份时薪不到1美元的工作。虽然我只是个孩子，但我也知道8美元的税前日工资很难养活一个家庭。当我看了他们的简历或工作申请，从而得知很多工人不得不养活好几个孩子时，我的心情变得沉重起来。我这才知道不只我家经济拮据，我想帮助家里，也想帮助他们，但我不知道究竟该怎么做。

良好教育的价值

坐在富爸爸的桌旁，我上的重要一课是，我看到了工资标准的差异，看到了高中没毕业的工人与上过大学的职员之间的工资差异，这足以刺激我在学校老老实实待下去。此后，每当我想退学时，我就会想起基本工资之间的差异，从而提醒自己，良好的教育背景是很重要的。

最让我感到不解的是，有时一个拥有硕士或博士学位的人却仍然应聘报酬极低的工作。我知道的事并不多，但我知道富爸爸每月能挣很多钱，他的各种来源的收入加起来远远多于那些学历非常高的人。

我也知道富爸爸高中没毕业，虽然受过良好教育的职员与那些高中就辍学的工人之间存在工资上的差异，可富爸爸知道很多连高学历的人都不知道的事情。

坐在桌子后边观察了大概5次招聘面试之后，我终于忍不住问富爸爸为什么让我坐在这儿，他的回答是："我以为你不会问的，你觉得我为什么让你坐在这儿看我面试别人呢？"

"我不知道，"我答道，"我以为你只是想让我待在你身边。"

富爸爸笑了："我不会这么浪费你的时间。我答应教你致富，这就是在给你你想要的东西呀。到目前为止你有没有学到什么呢？"

这会儿，房间里没有求职者，我坐在富爸爸的身旁，认真思考着他的问题。"我不知道，"我答道，"我从没想过这是一堂课。"

富爸爸呵呵地笑着说："可如果你真的想变富，你就在上一堂非常重要的课。另外，大多数人都没有机会来学习这门课，因为大多数人只能站在桌子的那一边来看世界。"富爸爸指了指我们面前的空座位，"很少人能够从桌子的这一边来看世界。你从这边看到的是现实世界——人一旦走出校门就必须面对的世界。你很幸运，因为你有机会在走出校门之前就从这一边看世界。"

"所以说，如果我想变富，就必须坐在这一边吗？"我问道。

富爸爸摇了摇头。他开始缓慢而坚定地说："不仅是要坐在这一边，你还必须学习怎样才能坐在这一边。而大多时候，学校不会教这门课。学校教的只是怎样坐在桌子的那一边。"

"真的吗？"我有些疑惑地问道，"怎么会这样呢？"

"你爸爸说上学是为什么？"富爸爸问。

"为了让我能找份工作。"我平静地答道，"这就是人们所追求的，是吗？"

富爸爸点点头说："这就是他们坐在桌子那一边的原因。我并不是说这一边一定比那一边好，我只是想指出这中间存在区别，可大多数人看不到这种区别，这就是我给你上的课。我只想向你提供一种选择，由你自己来决定坐在哪一边。假如你想在年轻的时候就变得富有起来，桌子的这一边会向你提供绝好的机会让你达到这个目标。假如你确实期望不用终生辛劳就变富的话，我会教你怎么做。如果你想坐到桌子的那一边去，听从你爸爸的建议就好了。”

已学过的课

这堂课指明了我人生的方向。富爸爸没有告诉我要坐在桌子的哪一边，而是向我提供了一种选择，由我自己来决定。我可以自由选择想学什么，而不是像往常那样对我不得不学的东西表示抗议。这也是富爸爸多年来教导我的方式，即行动是第一位的，其次是犯错，上课仅排在第三位。他会让我自己选择学完这门课后应该去做些什么。

你常分不清你面前什么是对的

“桌子的那一边”这堂课其实也是改变我人生道路的一堂课。所谓智力就是发现细微差异的能力，或分而增的能力。坐在桌子旁，我开始从我面前发生的事情中发现更多的差异，学习新的东西。我坐在那儿好几个小时，只是看，却一无所获。直到富爸爸指出桌子有两边时，我才认识到这两边其实是两个完全不同的世界，我才了解到每一边需要不同的自我认知。几年后，我意识到坐在我桌子对面的人只是做了学校教他们做的事，即出去找份工作。学校教给他们的就是“雇主们需要的技能”。

为了坐到桌子的那一边，他们被教会了雇主们需要的技能。因为从小就接受了这样的教育，大多数人只能一辈子坐在桌子的另一边。假如他们像我一样从小被告知“拥有财务技能，你就可以随意选择坐在桌子哪一边”，他们的生活将会出现怎样的不同呢？

你追求什么就得到什么

我也知道人们追求的目标各不相同。富爸爸对我说：“大多数人离开学校是为了找份工作，所以他们就找到了工作。”他给我解释道，一个人心里想要找什么，他在生活中就能发现什么。他说：“想找工作的人总能找到工作，我不想找，所以没工作。而我在训练我的头脑寻找商业机会和投资项目。很早以前我就知道，一个人只会发现他大脑里反复在找的东西。假如你想致富，就要让你的头脑学会寻找能让你致富的东西，而工作不能让你变富，所以打消找工作的念头吧。”

当我对人们说西方教育体制源于普鲁士时，许多人只是听听而已，并不会太在意。而当我说普鲁士体制的目标只是培养雇员和士兵时，许多人开始听我说话，用或嘲讽、或敌对、或怀疑的眼神盯着我。他们中间最生气的人通常是教育体制里最卖力的人。当有人质疑我这段话的可信度时，我常会问他们这个问题：“学生离开学校后要干的第一件事是什么？”回答是：“找工作。”他们找工作是因为这种体制就是这样给他们规划好了的，他们的反应就像优秀的小士兵。我这么说是因为普鲁士虽然已不复存在，但它几个世纪前留下的旧思想却依然如故。

我们正处于信息时代，是时候教育人们放弃寻找安定、有保障的工作的想法了。在信息时代，我们不能再被教育成学习“雇主们需要的技能”的人，否则你的孩子有可能在 30 岁时就被淘汰。如果可以的话，为什么不教给他们一些财务技能，让他们能在 30 岁就退休呢？

看不到就无法改变

我并不是说做个雇员或士兵不好，或者说这种选择是错误的，我既做过雇员也当过士兵。我想说的是，当身为教育官员的爸爸认识到这个体制存在问题时，他曾试图改变它，并找到一条能更好地为学生未来的现实生活做准备的途径。问题是，他也是从这个体制中走出的人，他无法了解有哪些事情是他看不到的。富爸爸则能从不同的角度来看这个体制，因为他不是这个体制的产物。他 13 岁时父亲去世，他不得不辍学并接过养家糊口的重担。13 岁时，他就学到了坐在桌子这一边所需的技能。

为了坐在桌子这一边，我要学的还有很多

自从认识到桌子有两边，我就开始对如何使自己坐在桌子的这一边——也就富爸爸的这一边——产生了兴趣。很快，我认识到我也必须为此学习很多东西，不仅包括学校里的功课，还有更多的学校没教过的课程。我开始热衷于自己的教育。如果我想坐在那些只知道上学的人的对面，那么我需要学的知识必须比学校教授的知识更加丰富和全面。我还知道，要坐在桌子的这一边，我必须比学校里的聪明孩子更聪明，我要学的知识比雇主们要求的工作技能更多。

最后我还发现了一些对我而言颇具挑战性的事物，它们给了我学习的理由，因为它们是我真正感兴趣的事。在 9 ~ 15 岁之间，我开始了真正的教育，我了解到即使走出校门也不能放弃对自己的教育，我成了一名终生学习者。我还找到了我的穷爸爸苦苦寻求却未曾真正

找到的东西——教育体制的漏洞。这一体制专门培养以找到安稳、有保障的工作为目的的工人，而没有教给他们坐在桌子这一边的富人所掌握的知识。

学习四面体

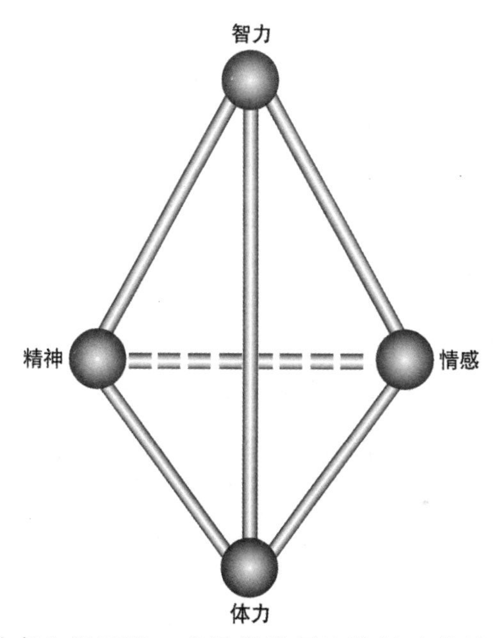

当我提及教育和学习时，我经常使用这张被我称为“学习四面体”的图。它是由加德纳 7 种不同天赋的理论和我个人在企业和投资领域的执教经验整合而成的。虽然这个四面体并未经过精确的科学计算，但它提供了一些有用的、可供参考的意见。

我之所以能从“大富翁”游戏中学到这么多知识，是因为该游戏使我的智力、体力和情感都得到了发展。玩这个游戏时，我的大脑在拼命思考、我的情感异常兴奋，同时这也是一项体力活。这个游戏的竞赛性把我紧紧地吸引住了，使我全身心地投入，因为我是一个争强好胜的人。

而当我走进教室，被要求安静地坐着，听某位老师讲我完全不感兴趣的课程或费力地理解与我无关的概念时，我就会感到烦躁，进而厌倦。我的身体开始因无聊而扭来扭去，或者我会睡觉以躲避思想和情感的双重痛苦。如果让我安静地坐着，只动脑而不动手地学习，尤其是学我不感兴趣的课程，或者遇上沉闷无趣的老师，我肯定是学不好的。家长和学校为了让过度活跃的孩子安静地坐在座位上，给他们服用越来越多的药品，为的就是这个吗？这些孩子可能擅长通过动手来学习，对于别人安排的学习内容并不感兴趣。然而当他们反抗时，体制就可以给他们服药吗？

精神学习法已经出现，虽然它来源于宗教观念，但它并不一定要依照宗教观念来学习。当我们来到残疾人奥运会的赛场上，看到那些身体有缺陷的运动员用尽全身的力量去奔跑或转动轮椅，总会被他们顽强的精神和信念所感动，这就是精神的力量。一年前，我观看了一个由残疾人表演的特别节目，当时那些年轻人的精神打动了全场观众。当我看到他们艰难地移动着残疾的身体时，也忍不住站起来为他们大声喝彩。他们身残志坚、不屈不挠的精神打动了我们每个人的灵魂。这种精神指引我们去思考我们到底是谁？我们存在的意义是什么？这就是我所说的精神学习。

我在越南时，看到年轻的战友们奔赴战场，虽然他们明知道等在前方的是死亡。是精神的力量让他们牺牲自己，保全集体。我在越南还看到一些事情，但我不敢写出来，因为害怕它们听起来太过离奇。然而，有很多次，我也看到一些年轻人做一些从思想、情感和身体角度都无法解释的事情。这就是我所说的精神的力量。

我参加婚礼时，看到一对新人幸福地步入婚姻的殿堂，在心里就会想，这是两个人在现实层面上的结合。但在上帝面前，却是两人在精神层面上的结合。婚姻把两个人的灵魂紧紧地连在了一起，是他们对彼此同甘共苦的承诺。不幸的是，离婚率却是如此之高。这似乎在说明，许多人从身体、理智和情感上结合，但并没有实现精神层面的结合。所以当这对夫妇面临困境时，他们就会劳燕分飞。这就是我说的精神教育。我并不想冒犯任何人，也不希望将个人观点强加于任何人的宗教和精神观念之上。我只想让大家意识到这种超越理智、情感和肉体限制的力量。

认识的转变

9 ~ 12 岁期间，我的学习四面体经历了一次根本性的转变，我知道我改变了在体力、智力、情感和精神方面的自我认知。当我看着富爸爸签文件、开支票、接过钥匙时，我的内心出现了某种变化。这时，“大富翁”游戏和现实生活的关系开始变得清晰。我一直认为自己不聪明，或者至少不如我的两个爸爸还有“蚂蚁安迪”聪明，几年来我的自我感觉一直不好，但现在我改变了这种认识。我的自我感觉很好，而且我深知自己这一生都会感觉良好，我知道我能够生存下去，相信我将按照自己的方式取得成功。我知道我不需要一份高薪的工作甚至金钱来改善我的财务状况。我还发现了一些我希望能做好的事情，并且也知道自己能做好。我找到了我想学习的东西。在精神层面上我发生了一些改变。我感到自信、兴奋，并学会了善待自己。在学校以及在家里看着母亲对着桌上的一大堆账单发愁时，我的感觉可没有这么好。一种温暖的感觉从我的心中蔓延开来。我能够确定我是谁和我将成为谁，我知道我将成为富人，我知道我能找到帮助爸爸妈妈的方法。我还不知道具体要怎么去做，但我知道我一定会成功。我知道我会在我真正希望成功的领域取得成功，而不是试图在别人说我应该成功的领域里去获取成功。我对自己有了全新的认识。

9 岁的变化

最近，我与道格和希瑟进行了一次谈话，这对夫妇是阿拉斯加华德福学校的支持者，正是他们向我介绍了鲁道夫·斯坦纳的工作，以及他关于 9 岁的变化的理论和著作。听完他们的介绍，我以前许多学习上的困惑得到了解决。

当道格告诉我这所学校教给他们孩子的知识以及为什么教这些知识时，我深有感触。道格告诉我学校让孩子们用锤子、锯和针去搭建小帐篷，是为了让孩子知道他们可以在现实中生存。基于同样的原因，学校教孩子种花、种菜、烹调和烤面包。这是调动智力、情感、体力和精神的教育。这一教育贯穿了孩子一生最关键的时期，也就是斯坦纳所说的“9 岁的变化”。在这一时期，孩子不再想按照父母的人生观生活，而是想寻找他们自己的人生观。孩子们在这段时间里容易感到孤单和恐惧，他们的生活充满了太多的不确定。孩子们将走进一个自己并不了解的世界，寻找真正的自我，而不再仅按父母的指令行事。在智力、体力、情感和精神等方面让孩子认识到他们能靠自己的能力生存，对孩子形成正确的自我认知极为重要。

我也知道，许多教育家并不同意鲁道夫关于 9 岁的变化的理论，在这里我也不想去改变任何人的观点。我只是真诚地告诉你们我自己的体验。在我 9 岁时，我已经开始寻求某些与众不同的东西了。我知道父母所做的事并没有使我们家的生活状况改观，我不想再走他们的老路。至少，我对家里谈到金钱时的情景至今仍心有余悸。我对父母的争吵记忆犹新，我还记得爸爸说：“我对钱不感兴趣。我已经拼了命地工作了，究竟我还要怎么做才能把债还清？”我希望发现其他一些我能做到的事情，以便我至少不会像父母那样为钱所困。而且在我心里，我最希望做的事情就是帮助我妈妈。每当看到她面对一堆账单哭泣时，我的心都碎了。每当父亲对我说“你需要努力学习以便能找份好工作”时，我就会打心眼里抗拒他的建议。我知道这种生活缺了些什么，所以我要去寻找新的答案和我自己的生活。

通过学习富爸爸的课程，以及多次玩“大富翁”游戏（1 年大约会玩 50 次），我改变了思考问题的方式。我感到我能透过“镜子”看到父母看不到的世界，尽管这面“镜子”就摆在他们面前。回想起来，我确信他们无法看到富爸爸眼中的世界，因为在智力上，他们受到的教育是寻找工作；在情感上，他们受到的教育是寻找保障；在体力上，他们受到的教育是努力工作；我还确信，因为他们没有财务赢配方，在精神上，他们在财务方面的自我认知不断地被削弱，而账单却越堆越高。我爸爸努力工作，工资涨了又涨，却从未在财务上领先过。在 50 岁达到职业生涯的巅峰后，他再也无法摆脱停滞不前甚至走下坡路的状况，他的精神几近崩溃。

学生走出校门时尚未做好准备

学校并未教给学生当今世界所需要的生存技能。大多数学生在离开学校时经济拮据，并极力寻求安全——一种在外部世界里根本找不到的安全。真正的安全只存在于人的内心。许多学生走出校门时，尚未在智力、情感、体力和精神上做好准备。学校系统通过给大公司和军队提供稳定的雇员和士兵资源而完成了自身的职责。我的两个爸爸都意识到了这一点，但他们看待该问题的角度却大相径庭。一个爸爸从桌子的这一边看问题，而另一个爸爸则从桌子的那一边看问题。

当我对人们说“不要依赖工作安全，不要希冀公司关心你的财务问题，不要期待政府在你退休后照顾你的生活”，人们总会显得畏首畏尾、局促不安。我看不到他们眼中的激情，看到的只有恐惧。每当此时，我总不免为他们感到担忧。人们太依赖工作安全而不相信自己的能力。对安全和保障的需求一部分来自人们从不主动开发新的认识、不相信自己有独立生存的能力，他们宁可沿着父母的老路，做父母做过的事，遵循父母“去上学，以便你能学到雇主需要的工作技能”的教导。大多数人找到了工作，但只有极少数人找到了他们梦寐以求的安全。当你的生存需要依赖别人——坐在桌子这一边的人时，你很难找到真正的安全。

2000年7月，当时的美联储主席格林斯潘谈到了通货膨胀。他说目前通货膨胀率没有达到应有的高水平，从而使得这段时期失业率较低，而出现这种现象的原因是人们只期望工作安全，而不要求涨工资。他继续解释道，正如在许多行业已看到的那样，许多人担心技术进步和计算机会取代他们的位置，宁愿只要低工资。他说，这就是富人越来越富而大多数人却无缘分享新财富的原因。富爸爸认为这是因为他们害怕失去工作，我认为这是由于许多人从未学到实现财务独立的技能，所以他们只能遵循父辈的建议，走父辈的老路。

一名记者在最近对我的一次采访中，因为我对教育的评价而表现得异常愤慨。他在学校里成绩很好，有一份安稳而体面的工作。他生气地对我说：“你是说人们不应该去当雇员吗？如果没有雇员，你知道会发生什么事吗？世界会一片混乱。”

我同意他的话。深吸了一口气之后，我开始回答他的问题：“我同意世界离不开雇员的看法，我也相信每个雇员都承担着重要的工作。假如雇员们都不干自己的工作，公司的总裁将什么也做不了。所以我对雇员没有任何偏见，我自己也曾经是个雇员。”

“那么，教育体制教人们成为雇员和士兵有什么错呢？”这位记者问道，“这个世界需要雇员。”

我再次表示同意并说：“是的，世界需要受过教育的雇员，而不是受过教育的奴隶。我认为现在该让所有学生受到能使他们真正获得自由的教育了，我们的教育不该只为大公司和军队培养他们需要的所谓的聪明学生。”

别要求涨工资

如果我认为涨工资能解决问题，我会让所有的雇员都要求涨工资。但格林斯潘是对的，假如一个人索要太高的薪水（当然这与他能向公司提供的服务有关），坐在桌子这边的雇主就会找一名新员工替代他。因为如果公司费用过高，未来的发展就会受到威胁。今天许多公司消失的原因就是因为它们无力承担过高的劳动力成本。海外公司的增加也是因为这些企业希望寻找到成本更低的劳动力。而许多工作也开始由技术取代，如旅行代理人、证券经纪人等。所以格林斯潘认为，人们害怕因为要求涨工资而丢掉饭碗，这种看法是有道理的。

但我说“别要求涨工资”则是因为，在大多数情况下，涨工资也无济于事。当人们的工资上涨后，政府的税收也相应增加了，于是人们又陷入更深的债务之中。我的书和教育游戏就是用于转变一个人的自我认知。如果一个人真正希望实现财务安全，就需要在智力、情感、体力和精神方面发生转变。如果一个人开始在智力上接受正确的财商教育，那么他的情感、思想和体力也会开始发生变化。一旦他们的自我认知提高了，他们会发现自己将不再过分依赖职业并开始做自己的致富家庭作业。正如富爸爸所说：“你靠工作不能致富，可你在家里却能致富。”我也发现，当一个人的自我认知发生转变、自信增加时，雇主通常很愿意给他涨工资。这就是家庭作业如此重要的原因。

你的家庭作业

我必须告诫那些父母们，你在家中对孩子的教育和学校对孩子的教育同等重要。我建议父母们开始鼓励孩子去找一条能够使他们在30岁就退休的路。当然，你的孩子是否真的能在30岁退休并不那么重要，但至少它能使孩子换个角度思考问题。假如他们意识到自己有可能只工作几年就退休，就会问诸如“我怎样才能在30岁退休”之类的问题。而在这时，他们就为穿过“镜子”做好了准备。他们走出校门后不是一味寻求工作安全，而是要追寻属于自己的财务自由。只要他们肯做家庭作业，没准儿他们已经找到了呢？

最后的结局

一个人的价值在他的成绩单中是找不到的。我们中的大多数人都知道，有些人在学校时还是优等生，在生命结束时却成为差等生了。

评价一个人的教育是否成功有许多方式，其中最好的一种就是看他走出校门后的财务状况如何。我曾记录过一些有趣的数据，它可以告诉人们他们为什么需要对自己的正规教育作些补充。这些数据来自美国健康、教育和福利部，前面已经提到过。报告表明，在所调查的每100个65岁的人中，有1人富裕，4人小康，5人仍在工作，56人需要政府支持和家庭资助，剩下的34人已经死亡。

依我看，这份成绩单不值得我们花几亿美元和大量时间去对那些人们进行教育。这意味着，当年我们毕业班里的700名学生中，现在有7人富裕，392人需要政府或家庭的资助。这个结果并不好，而且这些数字中还有一个问题，即7个富人中，大约有两个人是靠继承遗产而不是自我奋斗达到这一水平的。

2000年8月16日，《今日美国》发表了一篇题为《挣钱不易》的文章。文中，经济分析师丹尼·谢里登计算了能挣到100万美元的7种方式的概率。

拥有一家小公司	1 ：1000
为一家上市的网络概念股公司工作	1 ：10000
30年坚持每月存800美元	1 ：1500000
在一场电视游戏竞赛中获胜	1 ：4000000
在赌场玩老虎机？摇	1 ：6000000
中彩票	1 ：12000000
继承100万美元遗产	1 ：12000000

上面的统计数据表明，仅有极少数人能通过继承遗产成为百万富翁。所以，你的孩子成为百万富翁的最佳途径是创建自己的企业，并苦心经营，使其成功。

假如你教会孩子懂得他们能靠自己的力量生存和致富，知道如何管理自己的财务，避免陷入消费者债务[①]，不依赖工作，那么你就为他们进入现实生活做了最好的准备。

让人们在晚年依赖他人生活的教育体制并未替孩子们做好进入现

① 消费者债务，或称个人消费债务，是指汽车贷款和信用卡债务，但不包括购买房屋等的分期贷款。

实生活的准备。让公司和政府在你晚年照顾你的想法是过时的工业时代的想法。你的孩子需要你的帮助，如果他们必须拥有未来所需的财务技能的话。

结束语

本书第一部分阐述的是，金钱只是一种观念，教育亦是如此。孩子的自我认知或他们关于学术和财务的观念常常会影响他们的一生。因此说，父母最重要的工作是督促、引导和保护孩子的自我认知。

第二部分
钱不能使你变富

我的富爸爸说“别指望钱把你变富”，他还会接着说：“因为钱也有本事把你变穷……”对大多数人来说，挣的钱越多，反而变得越穷。后来当他看到人们纷纷购买彩票时，他说：“如果钱真能使人变富的话，为什么那么多中了大奖的人最后会破产？”

我聪明的穷爸爸在教育方面也持有类似的看法。

如果一个孩子没有带着好成绩走出校门，就意味着他在今后的现实生活中不可能取得成功吗？学业上的成功能保证你的孩子在现实生活中取得成功吗？本书的第一部分从心理上帮助你的孩子为进入学校、应对幼年时期发生的变化做好了准备。第二部分旨在帮助你的孩子为进入现实生活做好准备。

第8章
银行从不问我要成绩单

15 岁时，我的英语考试不及格，因为我不会写文章，或者说是我的英语老师不喜欢我写的东西，此外我的拼写也很糟糕。这意味着我不得不留级再上一年高二。有太多原因让我为此感到无比痛苦和羞愧：首先，爸爸是教育官员，是夏威夷州教育厅厅长，主管 40 多所学校。教育厅里将充斥着嘲笑和鄙夷，因为长官的儿子学习成绩太差了。第二，不及格意味着我要和我妹妹待在一个班里，换句话说，她在前进而我在倒退。第三，留级意味着我收不到大学足球校队的邀请函了，而足球是我疯狂热爱的运动。我拿到成绩单那天，看到英语这门课程上的“F”后，就跑到了化学实验大楼的后面，独自一人待着。我坐在冰冷的水泥地上，双手抱着腿，靠在墙上痛哭起来。几个月来，我一直在猜测我可能会得“F”，但看到它真实地写在纸上，还是让我感到措手不及、情绪失控。我就这么孤独地坐了一个多小时。

我最好的朋友、富爸爸的儿子迈克也得了“F”。他也不及格的确不是件好事，但至少这时候还有个人能陪我一起伤心。当他穿过校园准备坐车回家时，我向他招了招手，但他摇了摇头，继续向接他的车走去。

那天晚上，等弟弟妹妹都睡觉以后，我告诉爸爸妈妈，我的英语没能及格，高二要重修。因为教育制度规定，凡英语或社会研究不及格的学生都得重修整个学年。爸爸对这项政策很熟悉，他就是它的执行者之一。虽然他们事先已经听到了关于这个消息的传闻，但仍然难以接受这令人痛苦的事实。爸爸静静地坐着，只是面无表情地点了点头，而妈妈听到这个消息后则显得更难过。我看到她脸上的表情在变化，先是悲伤，继而是生气。她转向爸爸说："会这样吗？罗伯特真的要留级吗？"爸爸只说了一句话："这是规定。不过在做决定前，我会先调查一下这件事。"

在随后的几天里，我爸爸深入调查了此事。他发现，我们班的32名学生中，老师共给了15人不及格，8个学生"D"，1个学生"A"，4个"B"，其余为"C"。看到如此高的不及格率，爸爸出面干涉了此事。他这么做并不是因为他是我爸爸，而是因为他是教育厅厅长。他先是命令校长进行公开的正式调查。从和班里多数学生谈话开始调查，结果老师被换到另一所学校，并特开一个暑期学习班，给那些想提高成绩的学生一个补救的机会。我花了暑假的3个星期努力学习，终于使成绩提到了"D"，得以和班里的其他同学一起升入高三。

最后，爸爸认为老师和学生两边各有对错。使他感到不安的是，许多没有及格的学生都是班里的尖子生并有望升入大学。所以他没有刻意地支持哪一边，而是回到家里对我说："这次考试不及格是你一生中非常重要的一次教训。也许你能从中有所领悟，也许你什么也没悟到。你可以生气，责怪老师，对老师充满怨恨；你也可以反省一下自己的行为，从这次经历中吸取教训并成熟起来。我认为老师的确不该给这么多学生不及格，但我也认为你和你的朋友应该更努力地成为好学生。我希望老师和学生都能通过这次事件成熟起来。”

我承认我的确心怀怨恨。我就是不喜欢那个老师，而且从那以后开始讨厌上学。我从不喜欢学习我不感兴趣的和我知道走出校门就没用的功课。虽然感情上的创伤很深，我还是认真了起来，改变了学习态度，改善了学习习惯，并终于如期从高中毕业。

最重要的是，我听从了爸爸的建议，从逆境中走了出来。反思过去，我认为高二时的不及格倒是件幸事。这次事件使我改正了学习的态度和习惯。而且我知道，假如没有高二时的这种转变，我一定上不了大学。

妈妈很担心

这段时期，妈妈非常不安。她说：“你的成绩至关重要。如果你不能取得好成绩，就上不了好大学，将来就找不到好工作，好成绩对你的人生太重要了。”在我这段痛苦却又积极努力的日子里，她一直重复着这些话，声音里透露出更多的恐惧和焦虑。

这段时期的确让我痛苦不堪。不仅因为我不及格，还因为我不得不上暑期补习班来补救不及格的成绩，追赶班里其他同学。这是爸爸为那个老师教的班里所有不及格的学生开设的暑期班。我讨厌暑期班，课程枯燥，教室里又热又潮湿，而且，把精神集中在英语课上真是件苦差事。当我把视线移到窗外，穿过椰子树，看到我那些正在海面上冲浪的朋友们，我的心就飞走了。更糟的是，许多冲浪的朋友在我们兴奋地跑向他们时，却嘲讽、讥笑我们，还叫我们“笨蛋”。

4 个小时的课一上完，我和迈克就会穿过小镇去他爸爸的办公室，花几个小时去做他安排给我们的事情。一天，在等富爸爸的间隙，迈克和我讨论起了成绩差对我们未来的影响。不及格和被称为“笨蛋”的确对我们造成了挺大的伤害。

“朋友们嘲笑我们是因为他们成绩比我们好，而且他们能进比我们好的大学。”迈克说。

“我也听到了，”我答道，“你认为我们这一生都会一败涂地吗？”

我们刚刚15岁，对现实世界知之甚少，却发现自己被贴上了“笨蛋”和“失败”的标签，这对我们的心灵造成了伤害，也让我们在感情上受到了伤害，同时也让我们在智力上怀疑自己的学习能力。我们的未来看似一片灰暗，而妈妈也这么认为。

富爸爸的评论

富爸爸非常清楚我们在学业上的失败。他儿子在英语这门课上拿了个“F”也使他感到不安。他很感谢我爸爸干预了此事并为我们办了一个暑期班补救了我们不及格的成绩。尽管两个爸爸的观念不同，但他们都看到了这件事积极的一面，都给我们上了一课，希望我们能从此事中吸取教训。在这件事上，富爸爸说的不多。我相信他是在观察我们两个人对所处境况的反应。当他察觉到我们对学业失败的感觉和想法时，就开始评论了。富爸爸坐在他的办公室里说：“好成绩很重要。你在学校的良好表现很重要，你学了多少知识和你有多聪明也很重要。但是当你走出校门，好成绩就不那么重要了。”

听到他这么说，我向前探了探身子。在我们家，几乎所有的人——爸爸和他的兄弟姐妹——都在做与教育相关的事，说成绩不重要几乎是对他们的亵渎。“我们的成绩怎么会不重要呢？这些成绩可是会跟着我们一辈子的。”我有些吃惊地小声嘀咕。

富爸爸摇了摇头，然后往我们身边侧了侧身，严肃地说：“听着，迈克、罗伯特。我要告诉你们一个大秘密。”说到这儿，富爸爸停顿了一下，确定我们在集中注意力听他讲话。然后他说：“银行从不问我要成绩单。”

这句话让我惊呆了。几个月以来，我和迈克一直在担心我们的成绩。在学校，成绩就是一切。我的父母、朋友、亲戚都这么认为。富爸爸的话让我感到极为震惊，我一贯认为我的生活会被差成绩毁掉。“你刚才说什么？”我问道，还不能完全理解富爸爸刚才所说的话。

“听着。”富爸爸说，身体往后靠在了摇椅里，他知道我们听到了他刚才的话，现在他要说得更清楚明了。

“银行不问你要成绩单？”我重复道，“难道你是在说成绩不重要？”

“我说了吗？”富爸爸反问道，“我说成绩不重要了吗？”

“没有，”我有些不安地说，“你没这么说。”

“那么我说了什么？”他问。

“你说‘银行从不问我要成绩单’。”我答道。对我而言，这太难理解了。因为我出生在教师世家，好成绩、高分数和好看的成绩单意味着一切。

“每次我去见银行经理，”富爸爸说，“他从不说‘给我看看你的成绩单’。”他顿了一下，接着说道：“我的银行经理会问‘你真是个优等生吗’，他会让我出示我的成绩单吗？或者他会说‘噢，你成绩很好，那我借给你100万美元吧’，他会这么说吗？”

“我想不会，”迈克说，“至少我和你一起去他办公室的时候，他从没问你要过成绩单。而且我知道他不会根据你的GPA[①]给你贷款的。”

“那么他会问我要什么？”富爸爸问。

---

① GPA：grade-point average的缩写，意为“年度总评分数”。

“他会问你要财务报表，”迈克马上答道，“他总是要你最近的财务报表，他想看你的损益表和资产负债表。”

你离开学校后的成绩单

富爸爸点了点头继续说道：“银行经理只会要财务报表。他关心的是每个人的财务状况，他不在意你是贫是富，有没有受过教育。不管你是谁，他们只想看你的财务报表。你们知道银行经理为什么这么做吗？”

迈克和我摇了摇头，等着他告诉我们答案。“我从未认真想过这个问题，”迈克说话了，“告诉我们，好吗？”

“因为你的财务报表就是你离开学校后的成绩单。”富爸爸用浑厚、低沉的声音说道，“问题是，大多数人离开学校时，还不知道财务报表是什么东西。”

“我的财务报表就是我离开学校后的成绩单？”我不解地问道，“你是说它是成年人的成绩单？”

富爸爸点了点头：“没错儿，它是成年人的成绩单。可是，大多数成年人并不真正了解财务报表是怎么回事。”

“这是成年人唯一的成绩单吗？”我问，“还有别的成绩单吗？”

“有，还有别的成绩单。财务报表是你非常重要的成绩单，但并不是唯一的。另一张成绩单是你的年度体检报告，通过验血和其他检查手段来显示你的健康状况以及需要改善的方面。还有一张成绩单记录着你的高尔夫球和保龄球比赛的得分。人的一生中，会有很多张不同的成绩单，但个人财务报表是你需要格外重视的。”

“所以一个人即使在学校的成绩单上全得了‘A’，在现实生活中的财务报表上仍有可能得‘F’？”我问，“这是你的意思吗？”

富爸爸点了点头："这种事一直在发生。"

在学校看成绩单，在生活中看财务报表

对我而言，15岁那年的英语成绩不及格的确是一次极为宝贵的经历。因为我从中认识到，我对学校和学习的态度是不正确的。这次考试不及格把我惊醒了，我开始转变自己对学校的态度、改正自己的学习习惯。这还使我在年少时就认识到，在学校里成绩很重要，可一旦离开学校，财务报表就是我的成绩单。

富爸爸对我说："在学校，学生每学期收到一张成绩单。如果一个学生的成绩不理想，只要他愿意，他就有时间去弥补。而在现实生活中，大多数成年人都不会定期收到一张财务成绩单，所以就有许多人在财务问题中苦苦挣扎。许多人从不会认认真真地考虑自己的财务状况，直到他们失业、遇到意外事故、考虑退休，或者当一切都已经来不及。因为大多数成年人不会定期收到财务成绩单，他们也就不能及时地修补财务漏洞以实现财务安全。他们也许有高薪工作、大房子、名车，并且事业一帆风顺，但他们的财务成绩仍然不及格。许多在学校成绩很好的聪明学生，一生的财务成绩却不及格。这就是没有财务报表的代价。通过翻看我的财务报表，我能了解到自己哪些地方做得好，哪些地方做得不好，以及哪些地方亟待改进。"

成绩单能指出需要改进的地方

长远来看，那次考试不及格倒成了件好事，因为它使我和迈克在学校里的表现好多了，虽然我们永远都成不了最优秀的学生。后来，我从州参议员手中接过了位于马里兰州安纳波利斯的美国海军军官学

校和位于纽约的美国商船学院的入学通知书。迈克因为决定继续留在夏威夷跟他爸爸学习，选择了就读夏威夷大学，并于1969年毕业。同年，我也从美国商船学院毕业了。的确，从长远来看，那次不及格的经历是无价的，因为它使我和迈克改变了对学校的态度。

在大学期间，我克服了对写作的恐惧，甚至居然开始喜欢它，虽然我到现在仍是个蹩脚的作家。我很感谢在学院里教了我两年英文课的老师A.A.诺顿博士，他帮助我克服了对英文的自信心不足，以及曾经的恐惧和偏见等问题。如果没有诺顿博士和我的合著者莎伦·莱希特，我怀疑我今天能否成为《纽约时报》和《华尔街日报》的畅销书作家。有时我想，如果我15岁时没有经历考试不及格，如果在这段时间里没有得到家人的帮助，我的人生就无法经历这样的转变，我也成不了畅销书作家。这就是成绩单，尤其是难看的成绩单如此重要的原因。

最后，我意识到，成绩单的作用并不是测试我们已知的东西，而是告诉我们在生活中还有哪些地方尚需改进。个人财务报表也在告诉我们同样的信息。它是你的财务状况报告单，是你生活的成绩单。

现在，你的孩子也需要一份财务成绩单

9岁时，我开始接受财务启蒙教育，这一年，富爸爸向我介绍了财务成绩单。读过《富爸爸穷爸爸》的人都会记得，富爸爸在第二课里就告诉了我财务知识的重要性，或者说，教给了我走出校门后阅读财务报表的能力。

我当时没有意识到富爸爸是在帮助我和他的儿子为进入现实世界做准备，但他的确通过教我们基础财务知识而为我们做好了准备。而这些课程通常不会在学校里教给十几岁的孩子，也不会教给成年人。

对财务报表的初步了解在财务上给了我极大的自信，也让我在金钱上有了成熟的看法。我明白了资产和负债、收入和支出的不同，同时还了解到现金流的重要性。许多成年人因为不了解它们的细微差异，因为缺少必要的财商教育，即使辛苦工作、收入颇丰，仍然不能在财务上领先。

通过很好地理解财务报表，我得到的收益远不止是自信心的增加。从中我还受到了启迪，明白了富爸爸所说的“3C”，即自信（Confidence）、控制（Control）和改正（Correction）的内涵。

他曾对我和迈克说：“如果你们了解了财务报表的真正作用，你们就会对自己的财务更有信心，更能控制自己的财务状况。尤为重要的是，出现财务问题时，你们能够及时改正。缺乏财务知识的人往往在财务方面缺乏自信，所以他们无法控制财务问题的恶化，更无法及时作出纠正。直到事情已无法挽救时，他们才会意识到自己的错误。”

在我很小的时候，就开始通过智力、情感、体力和精神来学习“3C”的技能。那时我并不是很能理解这些东西，直到今天我仍然没有完全弄明白，但基础的财商教育的确是长期的、终生的财务学习的基础。这一基础的财商教育开启了我一生的财务学习之门，而这一切都是从理解财务报表开始的。

我的第一张图

富爸爸用简单的图示开始对我们进行基础财商教育。

每当我们画出一张简单的图，富爸爸就希望我们能理解图中的各个财务术语、定义及其相互关系。通过画图，我了解了术语和图表之间的关系。我跟一些受过专业财务培训的人交流过，他们说尽管他们在学校上过会计课，却仍然弄不清楚各个财务术语之间的关系。但富爸爸说："关系才是最重要的。"

收入
支出

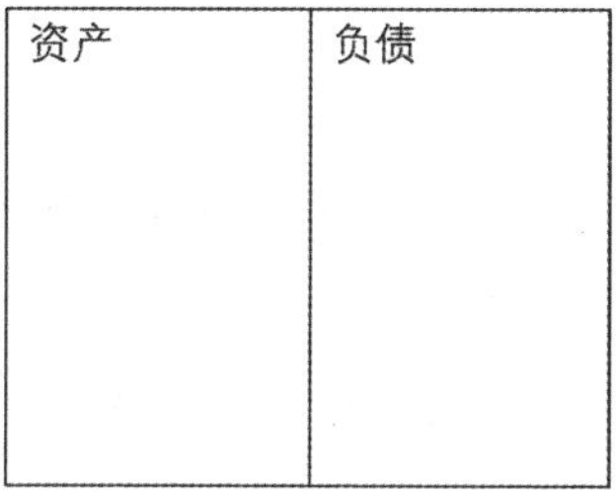

资产	负债

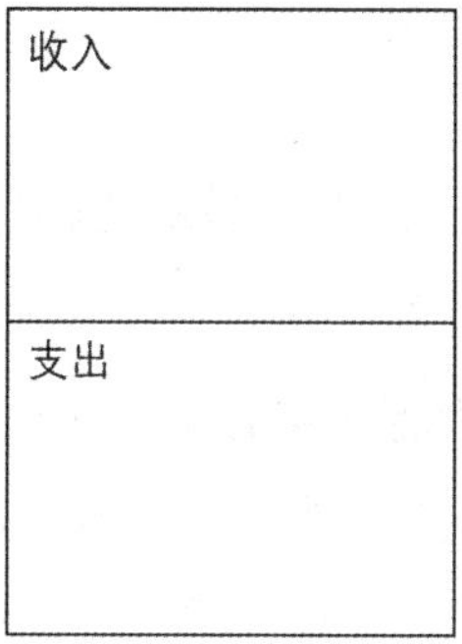

财务问题从何而来

穷爸爸常说："我们的房子是一项资产。"这正是他几乎所有的财务问题的根源。这要么是出于对资产定义的误解，要么是出于未能发现其定义间的细微差异，它导致了像爸爸那样的大多数人的财务困境。往池塘里扔一个小石子，你会发现以小石子入水的位置为中心，会泛起层层涟漪。当一个人开始人生旅程，而不了解资产和负债的差异时，"涟漪"将会引起他们今后生活中的财务问题。因此富爸爸说："关系才是最重要的。"

虽然我在前几本书中已经讲过这一点，但这里仍有必要重温。这是在孩子年少时期对他进行财务启蒙的至关重要的第一步。

如何定义资产和负债

如何定义资产和负债呢？当我查到词典中对这两个词所下的定义时，词典的解释让我更加迷惑了。其实这正好反映了这些定义只能让人从智力上理解，并不能直观地看到或摸到。而财务报表上的简单图表却让这些定义变得直观起来，即便他只是一张纸上画的几条线。

为了阐明我的观点，不妨先看一下词典中“资产”一词的定义。

> 资产：① 死人的财产。② 一个人、组织、公司的各类财产之和。③ 资产负债表上用于说明所拥有财产账面价值的项目。

对那些具有语言天赋的高智商的人来说，这个定义可能很清楚。也许他们能深入理解这些解释并明白资产到底是什么。但对一个 9 岁的孩子来说，这些空洞的解释毫无意义。对一个年仅 9 岁的正在学习致富的男孩来说，词典中的定义无疑是不充分甚至是误导性的。如果智力就是发现细微差异的能力，那么为了成为富人，我就需要发现比词典所提供的差异更多的细微差异，我还需要把它们以语言之外的多种形式表现出来。

富爸爸把这个定义生动地表达出来，从而增加了它的差异性。这样做的结果是，我发现了资产和负债随着生活的改变而呈现出的细微差异。他只用了一张纸就达到了这个效果，还让我看到了损益表和资产负债表之间的关系。他说：“决定某样东西是不是资产的是现金流，而不是你列在资产负债表上的废品。现金流是金钱世界中最重要的词汇，同时也通常是最不好理解的词汇。大多数人看得到现金，却看不到它的流动。可正是现金流决定了一样东西到底是资产、负债，还是废品。”

关系

“正是损益表和资产负债表之间的现金流，决定了到底什么是资产，什么是负债。”富爸爸反复强调。

假如你想在你的孩子年少时就对他进行财务启蒙，请记住这句话并不断向你的孩子重复这句话。如果他们真的听进去了，他们就会理解这句话并重复它。如果你的孩子不能理解这句话，他们就有可能上街买回高尔夫球杆并把它们放在车库里。当他们到银行申请贷款时，会把高尔夫球杆作为资产列在资产负债表内。富爸爸说，放在车库里的一套高尔夫球杆并不是资产。可在许多贷款申请书里，你都会看到人们把高尔夫球杆（实则废品）列为资产。它们被列在资产项下的“私人物品”一栏，也就是你可以把你的鞋子、手提包、领带、家具、盘子和破网球拍列入资产项。这正是大多数人不富有的原因，他们不知道损益表和资产负债表之间的关系。下图显示了一项资产的现金流的流向。

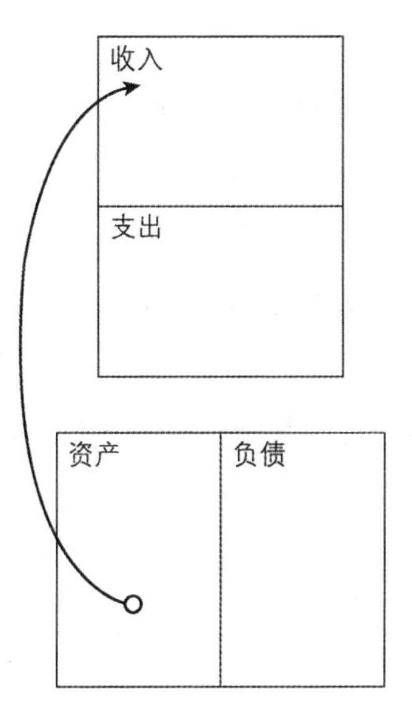

换句话说，资产就是能使钱流入收入栏的东西。在下图中，我们能看到一项负债的现金流的流向。

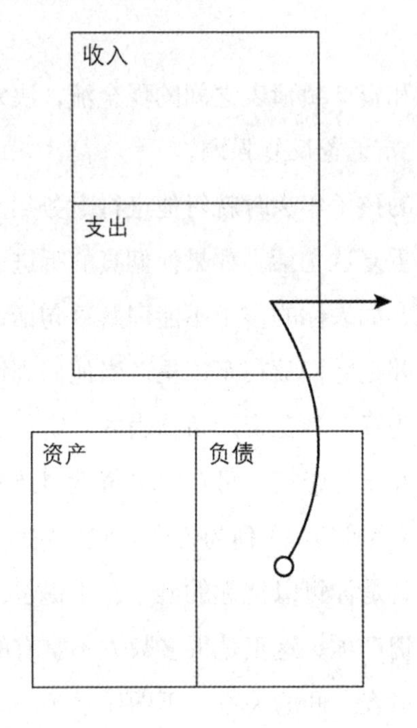

也就是说，负债就是使钱从支出栏流出的东西。

你不需要成为火箭科学家去把现金流入和流出之间的差异弄清楚。为强化我和迈克对基本概念的理解，富爸爸常说："资产会把钱放进你的口袋里，而负债则从你的口袋里掏钱。"作为一个 9 岁的孩子，我理解了。而许多成年人却并不了解这一点。

随着我逐渐长大，我认识到许多成年人都依赖着工作安全，富爸爸改进了这个定义。他说："如果你失业了，资产会养活你，而负债会吃了你。"他还说："大多数雇员无法停止工作的原因就是他们买了自以为是资产的负债，每个月都得为它们支出大把大把的钱。他们就是这样在有生之年被他们的'资产'一点一点吃掉的。"这个定义可能有些复杂，但当我坐在那些求职者的桌子对面，或听到他们被解雇时的哭喊声，我就明白了解资产和负债间的不同有多么重要。我在 15 岁之前，就明白了这些。对我而言，这是对我的一生来说极为重要的财务启蒙。

财商教育步骤

综上所述，第一步是借助简单的图示，以及在连续几年中反复强化这些基本知识开始。今天，人们仍在说他们的房子是一项资产，也许从某种意义上来说，这没有错。但是如果智力就是发现细微差异的能力，那么对任何一个想致富的人来说，基于财务报表来了解资产和负债之间更加细微的差异以及现金如何流动，则是至关重要的。我认为，100 个 65 岁的人中只有 1 人富裕的原因是，大多数人都不知道资产和负债的差异。人们都习惯于为了工作安全辛苦奔波并积累自认为是资产的负债。

假如你的孩子在买他认为是资产的负债，他就不可能在 30 岁前退休。假如他坚持买自己认为是资产的负债，那么，无论他从哪所学校毕业，成绩如何，工作有多努力或者挣了多少钱，都只是终生辛苦操劳而不能在财务上领先。因此，拥有财务基础知识十分重要。了解诸如资产和负债之间的不同这样简单的事情，就像往池塘中投了一粒小石子，涟漪效应会持续影响你孩子的余生。

我并不是说不买房子，也不是让你偿清你的抵押贷款。我想对那些希望致富的人说，你们需要更多的财务知识，这会让你们发现一般人发现不了的细微差异。如果你希望了解更多的差异，请翻翻我的其他几本书，那里面用了大量篇幅来介绍财务知识，如：

《富爸爸穷爸爸》

《富爸爸财务自由之路》

《富爸爸投资指南》

《富爸爸致富指南》(电子书)

每本书都从不同的方面入手，讲述了财务概念间的巨大差异，这将有助于提高你的财商。如果你已经很认真地读过了上面那几本书，你就有可能更好地影响你孩子的财务未来。富人越来越富，穷人越来越穷，中产阶级深陷债务之中并支付着许多不合理的税额。造成这一现象的原因之一就是，金钱课是一门在家里而不是学校里教授的课程。财商教育得由父母传授给孩子。

我的银行经理想知道我有多聪明

我为进入现实世界所做的第一项准备工作是熟悉现实世界的成绩单，即由损益表和资产负债表等组成的财务报表。就像富爸爸说的那样："银行从不问我要成绩单，我的银行经理只想看我的财务报表。"他还说过："银行经理对我在学习上有多聪明不感兴趣，他们只想知道我在财务上有多聪明。"

我在接下来的几个章节里介绍了更多的具体方法，能使你的孩子在进入现实世界之前在财务上变得更加聪明。

第9章
孩子们在玩耍中学习

一天，我和爸爸在看两个小猫玩耍。它们咬彼此的脖子、耳朵，抓挠对方，冲对方咆哮，有时还踢对方。如果我不知道它们是在玩，还会以为它们在打架。

我的教育家爸爸说："小猫是在相互传授生存技能，而这些技能是它们天生就会的。如果我们把这些猫扔到野外，不喂它们食物，它们正在学的这些生存技能会让它们在野外活下去。他们通过玩耍来学习和保留这些技能。人类的学习方式也没什么不同。"

现实世界中的财务生存技能

我经历过的最难的一件事，就是关掉自己的工厂并辞掉35名忠诚的员工。我曾在另一本书中提到过这段发生在20世纪70年代的艰难经历。我无力与亚洲和墨西哥的生产商竞争，不得不关掉我的工厂。我负担的劳动力成本和政府的税收太高了。我不想去跟他们拼个你死我活，决定跟我的竞争者合作，把工厂办到海外。我成功了，但我的员工却蒙受了损失。人们总是问我为什么要写关于金钱的书，他们知道其实我并不需要这么做。但我常常会想起与我那35名忠诚的员工说“再见”的那一天，这一个理由就足够了。

关闭工厂时，我付给每个工人每小时的工资还不足3.5美元。20多年过去了，今天，这些工人现在每小时的工资涨到了大约5美元多一点，或者只拿得到法定的最低工资。即使他们的工资还会有所增加，但我不认为增加的这点钱对他们有什么帮助。他们拥有的唯一的生存技能就是从一份工作换到另一份工作，拼命工作，试图多挣些钱。富爸爸告诉我的那句话没有错：“金钱本身并不能让你富有，这就像安全、有保障的工作不一定能让你感到安全和有保障一样。”

为了在财务方面生存下去，为了获得财务上的安全感，孩子需要在进入现实世界之前培养自己的财务生存技能。如果他们在进入现实世界之前没有掌握这种技能，现实世界会有另外一些金钱课等着你的孩子去上。今天，我们已经可以在学校系统内看到这一幕。年轻人走出校门时不仅背负着信用卡债务，许多人还背负着助学贷款。尽早教你的孩子如何管理金钱非常重要，而最好的教授方式就是与孩子们一起玩耍，因为玩耍是上帝和大自然赋予每一个生命的学习方式——就连小猫也是如此。

让教孩子致富的过程充满乐趣

我能从富爸爸那里学到如此多关于金钱的知识，是因为他总能使学习的过程充满乐趣。他总是跟我一起玩游戏，而不是对我进行“填鸭式”教育。如果我不想学某样东西，他要么会让我去学另一种我有兴趣学习的东西，要么努力教得更有趣些。他总是让现实世界的事物具体化，使我能够看到、摸到和感觉到。最重要的是，他从不挫我的锐气，而总是鼓励我坚定信念，不要一遇挫折就变得不堪一击。当我犯错误时，他鼓励我去吸取教训而不是给我“正确”的答案。他耐心并充满爱意地教导我，尽力挖掘我身上的聪明孩子的天分。我总是得花稍长一点的时间才能理解一些事情，但他从不会把我看成是无能的、迟钝的孩子或者给我贴上“学习障碍”的标签。他按我的学习时间表和我对学习的愿望来教我，而且我不用通过什么考试。他从不像许多家长那样担心我在成绩上比不过其他孩子。我的聪明爸爸几乎也是用同样的方法教导我。

教师们需要帮助

现行的教育体制并不允许教师们按这种方式教学，教师们也没有足够的时间去给每一个孩子必要的关心。这个体制只让教师们按照大规模的生产计划来教育孩子。学校系统就是一个工厂，它按照自己的生产计划而不是孩子们的学习计划来运转。许多教师试图改变这个系统，但如我所说，教育体制就像鳄鱼，其设计目的只是为了存活而不是为了改变。这就是为什么父母和孩子的“家庭作业”至关重要的原因，其重要程度远远超过你的孩子带回家中的学校作业。

我曾听一位重点大学的教授说：“一个孩子成长到 9 岁，我们就能看出他能否在我们的学校系统里顺利学习。我们能够看出这个孩子是否拥有我们需要的素质，是否能聪明地应对这个系统的苛刻。遗憾的是，我们还无法向不适合这个系统的孩子们提供另一种可供选择的系统。”

在我小的时候，常常有很多教育界人士到我们家来，他们都是很好的人。而当我去富爸爸家里时，那里挤满了商界人士，他们也都是很好的人。但我知道，他们并不是同一类人。

给自己启蒙

我长大之后，许多人问我是否会沿着父亲的足迹做一名教师。我记得当时我说："没门儿，我要进入商界。"很多年后，我发现我其实深爱着教书这一行。1985 年，我开始给企业家们上商业和投资课，并十分喜爱这份工作。我喜欢教课，因为我在按自己能学得最好的方式去教人们怎样学习。我是通过做游戏、合作竞争、分组讨论和吸取教训学到最好的。我从不惩罚犯错，而是鼓励犯错。我不是让学生独立参加考试，而是让参与者以小组为单位参加考试。我的教室不是静悄悄的，而是充满了讨论声，还有摇滚音乐做背景。换句话说，也就是首先行动、接着犯错、然后吸取教训、最后放声大笑。

我采用了与学校系统完全相反的教学方式。我按照两个爸爸在家里教导我的方式来授课。我发现其实很多人都更喜欢这种学习方式，而我作为教师也从中挣了一大笔钱。因为通常每个学生的学费都高达上千美元。我应用两个爸爸的教学方式，借鉴富爸爸在金钱和投资领域的课程，我发现自己进入了我曾发誓永不涉足的职业中。我或许已成为专业教育者，并尽量满足那些与我有同样学习方式的人。正如他们的行话所说的，"找准自己的位置"，我找到了一个极好的位置，这里有一大群希望教育充满乐趣和激情的人。

在 20 世纪 80 年代中期建立这家教育公司时，我和我的妻子金急于寻找喜欢按同样的方式来授课的老师。我们的首要条件是这位老师在现实世界里非常成功并且热爱教学工作。可这样的人太难找了，在现实世界里，有许多人热爱教学，但他们中的大部分人在商业、金钱和投资领域里并不成功。还有许多人对金钱和商业很精通，却不是好老师，关键是要找到两者兼备的人。

天才学生

我曾有幸跟随理查德·巴克敏斯特·富勒博士学习。他常被称做是历史上最有成就的美国人，因为没人比他拥有的发明专利更多。他也常被称为“地球上的友善天才”。美国建筑师学会认为他是个伟大的建筑家，虽然他并不是个建筑师。哈佛大学把他看做该校最著名的毕业生之一，虽然他并没有完成在哈佛的学业，他曾两度被开除。在我跟着他学习的某一天，富勒说：“如果老师知道自己在说什么，学生就会成为天才。”我们的工作不是找个老师，而是寻找知道自己在说什么的人，并鼓励他们去给学生上课。

通过教课而变得聪明

在授课过程中，我不只感受到了教学的快乐，不只挣了一大笔钱，我还发现通过教课自己学到了很多东西。我在上课时，必须使自己全身心投入，为班里的学生设计授课内容。通过和参与者交流、分享我们的看法和发现，我也学到了很多东西。鉴于此，我建议父母们花些时间来教自己的孩子，因为父母自己也将从中受益匪浅。如果父母希望改变自己的财务状况，一种方法就是寻找新的财务观念并将它们传给自己的孩子。请在传授你的孩子旧的金钱观念之前，找到新的财务观念。许多人有财务问题是因为他们接受了父母的旧的金钱观念，然后又把同样的金钱观念传给了他们的孩子。这也许可以解释为什么穷人总是很穷，而中产阶级刚从学校毕业就会深陷债务之中，不管他们有没有努力工作。他们所做的都是从父母那儿学到的。

因此，最好的学习方法之一就是，教别人你想学的东西。就像主日学校那样，“给予，你就会收获”。你花在教授孩子金钱课上的时间越多，你就会变得越聪明。

学习三部曲

富爸爸曾教过我学习金钱的三部曲：

第一步：简单的图表。我的教育从类似下图的几张简单的图表开始，图表帮助我理解了许多概念。

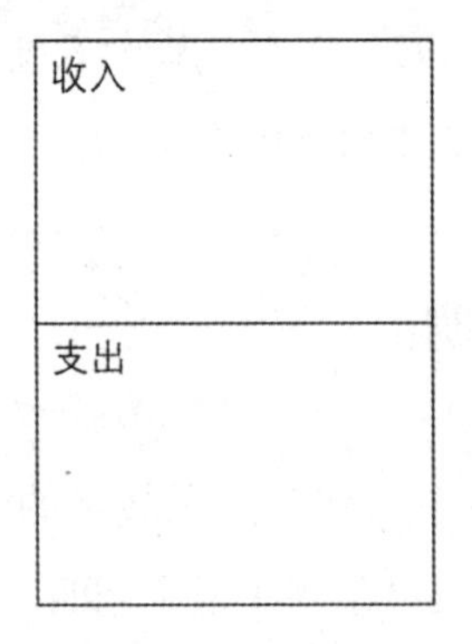

资产	负债

第二步：玩。如我所说，我通过动手学得最好，所以多年以来，富爸爸总让我们玩填财务报表的游戏。在我们玩“大富翁”游戏时，他有时会让我们把 4 栋绿房子和一家红酒店放进我们的财务报表里。

第三步：现实生活。现实生活从我和迈克 15 岁时开始，当时我们不得不填写财务报表并把它们交给富爸爸。就像所有称职的老师一样，他会给我们评分，向我们指出哪里做得好、哪里需要改进。几乎 40 年了，在现实生活中，我一直继续自我教育并填写财务报表。

如何开始教你的孩子金钱知识

我建议多数家长从第二步开始。虽然富爸爸是从第一步——画简单的图表开始的，我却认为对孩子谈起诸如损益表、资产负债表之类抽象的词语时应该谨慎。当我对一些成年人讲这些图时，他们都瞪大了眼睛。事实上，我不会讲第一步，除非我确信孩子们感兴趣或准备好了来学这些概念。因为我好奇，所以富爸爸为我量身定做了这 3 个步骤。

我常常建议从“大富翁”游戏开始。我注意到，一些孩子是真的喜欢这个游戏，而另一些孩子虽然也玩这个游戏，却并不是真的感兴趣。我的许多身为投资家和企业家的朋友告诉我，他们到现在也常常会花好几个小时玩“大富翁”游戏，他们为之痴迷。没有这份痴迷，我不会强迫年轻人去接受有关金钱、投资的课程，更谈不上教他们了解财务报表了。

孩子们的现金流

1996 年，在我发明了帮助成年人理解财务报表原理的桌面游戏“现金流”后，市场反映表明需要为孩子们设计类似的游戏。1999 年末，专门为孩子设计的儿童版“现金流”游戏问世了。我们的桌面游戏是唯一教授孩子们财务报表（孩子们走出校门后的成绩单）基础知识和现金流管理的游戏。

在学校里使用

在印第安纳州的印第安纳波利斯城，有一位富有改革精神的老师戴夫·斯蒂芬斯，开始在他执教那所学校的高中班使用“现金流”游戏并取得了巨大的成功。他发现这个游戏确实改变了许多学生的生活态度。戴夫特别谈到一位学生差点儿因学习成绩差和讨厌上课而退学，但他在玩过“现金流”游戏后有了巨大的转变。这位学生这样说道：

> 我退出小团体的不良活动，不再吸大麻和酗酒，变成了一名目标明确、意志坚定的高中生。这个游戏让我受益匪浅，我有信心有一天能和创造这个游戏的人一样成功。我不太记得以前的日子了，只记得去玩“现金流”游戏。这真是个神奇的游戏，它用简单、天才的方法向我传授挣钱的观念，并把我带入我之前并不了解的现实生活中。在这一点上，没有任何东西能像这个游戏那样为我开启这样一扇门。它给了我上学的渴望。因为玩这个游戏，我进了学生会，并在那儿向初中生们传达“现金流”中阐述的观念。我现在还是马里恩青年会的主席，在财经学会中担任领导职位。在州 DECA[①] 竞赛中，我获得了第一名，进入了全国比赛。我还在学校搞了个日美企业家联合会。最近，我正与其他投资者一起忙着在我们的社区建立“东部”社区中心。正如你看到的那样，游戏给了我走向成功的希望。同时，我的成绩、生活方式和

---

① DECA：Distributive Education Clubs of America，美国经销商教育俱乐部。

生活态度也发生了很大改变。展望未来，我渴望不断地学习，也希望能将我所学到的东西教给所有想学的人。有时，你转动骰子，事情就完全不同了。

在此，我想向清崎先生等人致以深深的谢意和真诚的赞美。总有一天，你们会看到你们工作的成果，我希望自己能成为第一批证明你们的方法有用、有效的人之一。虽然有点陈词滥调，但下面这句诗精确地总结了我的经历："林中两路分，一路人迹稀。我独选此路，境遇乃相异。"

对这个学生，我的反应是："哇，好棒的年轻人！"这件事是对我的无上嘉奖，使我知道我们的产品在帮助年轻人矫正生活方向方面起到了十分积极的作用。

戴夫·斯蒂芬斯的支持并不仅限于此。当他听说专门为孩子发明的儿童版"现金流"游戏时，他又想到了另一个很有创意的点子。他让一组已很熟悉成人版"现金流"游戏的 16 ~ 18 岁的高中生去小学教 7 ~ 9 岁的孩子玩儿童版"现金流"游戏，取得了非常好的效果。

首先，小学的老师很高兴能有大约 8 个高中生花上整个下午去帮他。每个高中生负责带着 4 个小学生一起玩儿童版"现金流"游戏。现在不再是一个老师带 30 多个学生，而是一个"老师"带 4 个学生。结果可想而知，小学生们玩得高兴极了，高中生们也一样开心。学习的过程变得更加个性而且具体。在较短的时间里，高中生和小学生都学到了很多东西。

老师们也很高兴有这样一种活泼的学习方式。教室里不再充斥着沉闷的讲课声或恼人的嘈杂声，取而代之的是欢快的笑声，还有集中精力学习的孩子们。游戏结束后，孩子们都异口同声地说："啊哈，让我们再玩一次吧。"

额外的收获

还有些我之前没有想到的、意外的收获。当高中生要离开时，许多小孩子都跑过来拥抱他们的新老师，或抓着他们的手不放。这些还在读小学的孩子们有了新的榜样。当今天越来越多的问题学生不断出现而引起人们关注时，戴夫·斯蒂芬斯的学生们却衣冠整洁、温文尔雅、聪明并且专注于自己的教育和未来。

当高中生对小学生们说“再见”时，我能从这些小孩子依依不舍的眼光中感觉到他们非常崇拜这些新老师。他们可能会在心里对自己说：“我也想和他们一样。”看着小学生们与他们的新老师挥手告别的这一幕，我想起了幼年时期的我以及那些当年曾指导和影响过我的十几岁的高中生们。在这两个小时里，小学的孩子们和真正的好榜样进行了交流，而不是与他们在校外有可能遇到的问题学生混在一起。

高中生的看法

当我问起那些高中生在这次活动中有什么收获时，他们的回答如下：

“我发现我真的很喜欢教课，现在我在考虑将来做一名教师。”

“通过教小孩子们，我也学到了很多知识。当我必须教别人时，我需要掌握的东西更多。”

“我真惊讶小孩子们怎么能学得那么快。”

“回家后，我会好好对待弟弟妹妹的。”

我记下了这些回答，吃惊地发现高中生们竟然也能这么成熟。

我们网站上的课程表

作为一所由国家学术基金会赞助的学校的校长，戴夫·斯蒂芬斯还帮助我们设计了一份教学方案，便于老师在课堂上教授“现金流”游戏时使用。

第二步的总结

第二步的关键是要愉快地玩，并点燃自己对学习金钱、金钱管理和财务报表的兴趣。看一下下图中的学习四面体，你会明白如何让学习更有效。

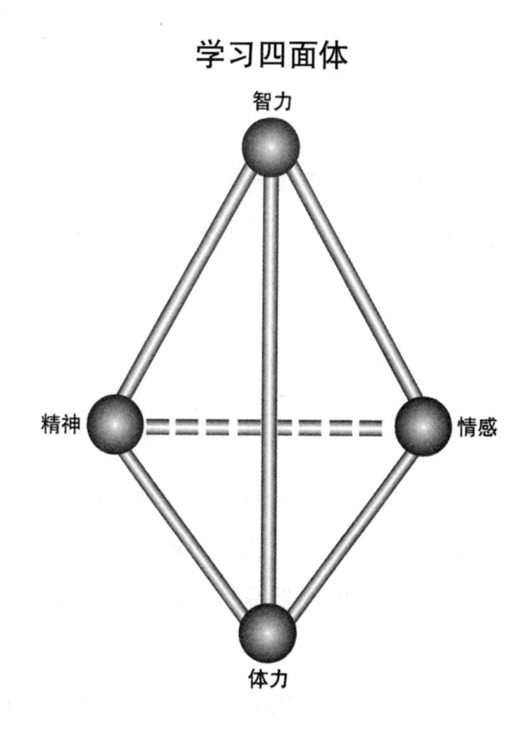

游戏是直观的教学工具，它涉及了学习四面体中的4个端点。游戏使感性学习者能和善于理解抽象概念的孩子们有了平等的学习机会。由于游戏非常有趣，它不仅令人兴奋，也让人忘情投入。玩游戏用的是假钱而不是真钱，所以出错也不至于令人太痛苦。许多人从学校毕业时非常害怕犯错误，尤其是财务方面的错误。游戏却允许各个年龄段的孩子放心地犯财务方面的错误，既能免却赔钱的痛苦，又能让他们从中学到财务知识。假如你赞同鲁道夫·斯坦纳那个称为“9岁的变化”的观点，就会知道一个清醒认识到自己拥有的财务生存技能的孩子会更加自信，并且很少有靠工作安全来实现财务安全的想法。他们将来成年后深陷消费者债务的可能性也会变得更小。更重要的是，学习如何管理金钱并了解财务报表是怎么回事，会使孩子们在面对现实世界时更加自信。

游戏已经使用了好几个世纪

今天，在商店里能买到的游戏大多是以娱乐为目的的。而几个世纪以来，游戏也广泛地应用于教育。各君主制国家的王室常用国际象棋来培养王储们的战略思维，这种游戏常常可以帮助男孩们为领军打仗做好准备。西洋双陆棋也是一种用于培养战略思维的游戏。我在一些书里读到过，王室成员必须接受身体的锻炼和思维的训练，而游戏正是训练思维的方法，王室希望他们的子孙能够去思考而不是死记答案。今天，我们当然不需要训练我们的孩子领军打仗，但我们的确需要教孩子从战略角度去思考有关金钱的问题。国际象棋游戏和“现金流”游戏的相似之处在于，它们都是没有答案的游戏，都能让你从战略角度来思考并为未来做好计划。你每次玩的结果都不一样。每走一步棋或变动一次，你的短期策略也会随之改变，这样你才能保证长远计划的有效性。

游戏帮助你的孩子看到未来

有一天，当我正玩着“大富翁”游戏时，富爸爸说了一段有趣的、令我终生难忘的话。他一边指着游戏板一边说：“你认为把游戏板这边的财产全买下，并在上面放上红酒店，需要花多长时间？”

我和迈克耸了耸肩，并不知道他指的是什么。“你是指在游戏中吗？”

“不，不，”富爸爸说，“我是指在现实生活中，现在我们已经玩了快两个小时了，我已经拥有了游戏板这一边所有的财产，并在上面放上了红酒店。我的问题是，你们认为在现实生活中做到这一切要花多长时间？”

迈克和我又耸了耸肩。11 岁那年，我们对在现实生活中做成一件事要花多长时间还没什么概念。我们俩看了看游戏板上富爸爸的那一边，上面立着 6 家红酒店。我们知道每当靠近那一边时，我们总是不得不购买他的资产，并支付很高的价格。“我不知道。”迈克最后说。

“我想得 20 年。”富爸爸说。

“20 年！”我和迈克惊叫起来。对两个仅十几岁的孩子来说，20 年太不可思议了。

“光阴如梭，”富爸爸准备开讲下一课了，“许多人任由岁月流逝，却从未真正开始行动。他们有一天会突然发现自己已年过 40，却常常深陷债务之中，而孩子还需要上大学。他们在一生中的大部分光阴里都在为钱辛苦地工作，却不得不背负着沉重的债务，终此一生都在支付账单。”

“20 年。”我重复道。

富爸爸点了点头，等着我们消化这句话。过了一会儿他说："你们的未来从今天开始。"他看着我又说："如果你想走你爸爸的老路，为了支付账单拼命工作，现在你就能从他身上看到20年后的你。"

"但是那要20年，"我抱怨道，"我想快点变富。"

"大多数人都想，"富爸爸说，"问题是大多数人都在按部就班地走老路，上学、找工作。这成了他们的未来。大多数人辛辛苦苦工作了20年，到头来却一无所有。"

"那么，这20年中我们要一直玩这个游戏吗？"迈克问。

富爸爸点了点头，"孩子们，这是你们的选择。也许它仅仅是个花掉你们两个小时的游戏，但它也有可能是你们今后20年的生活。"

"我们的未来从今天开始。"我看着富爸爸的6家红酒店，平静地说。

富爸爸又点了点头说："它仅仅是个游戏呢，还是代表着你们的未来？"

延误了5年

我在《富爸爸投资指南》一书中提到，我1974年从越南回来并从海军陆战队退役后，才开始我的致富计划。我原打算1969年大学毕业后就开始这20年长远计划的，但越南战争迫使我把这个在现实生活中玩游戏的计划推迟了5年。1994年，刚好在我玩游戏的第20年，我和我妻子购买了我们最大的"红酒店"之一，然后成功退休了。那年我47岁，她37岁。"大富翁"游戏让我看见了未来，它把20年的教育压缩在了两个小时之内。

我的优势

我相信自己比其他玩“大富翁”游戏的孩子们更有优势，因为我能看懂损益表和资产负债表等财务报表。我知道资产和负债之间以及公司、股票和债券之间的细微差异。1996 年，我发明了“现金流”游戏，用它连接“大富翁”游戏和现实世界。如果你和你的孩子喜欢“大富翁”游戏，并且对建立企业、投资等感兴趣，那么下一步就可以玩我发明的这个游戏。游戏可能有点难，需要花较长的时间来学习和掌握。但一旦你学会了，就能在几个小时里看到你的未来。

你的财务报表就是你在现实生活中的成绩单

富爸爸常说：“银行从不问我要成绩单。”他还说：“人们之所以总在财务问题中挣扎，原因之一就是，他们走出校门时还不知道财务报表是什么东西。”

财务报表是财富的基础

创造和留住巨额财富的基础是财务报表。无论你知不知道，你都一定有一份自己的财务报表。企业有财务报表，房地产也有财务报表。在你买一家公司的股票前，会有人建议你先看一下该公司的财务报表。财务报表是处理所有与金钱有关事务的基础。不幸的是，大多数人走出校门时还不知道财务报表是什么东西。这就是为什么对大多数人来说，“大富翁”游戏只是一个游戏的原因。我发明“现金流”游戏是为了教有兴趣的人了解财务报表是什么，怎么使用，怎样在享受乐趣的同时控制他们的未来。我的游戏是连接“大富翁”游戏和现实世界的桥梁。

在下一章中，你会看到成人版和儿童版“现金流”游戏中使用的一些财务报表。你会注意到两个游戏中都有财务报表，只不过其中一个更适合孩子们的思维。

结论

第二步是最重要的学习部分。寓教于乐非常重要，充满乐趣去学习总比带着赔钱的恐惧去学习要好。我常常遇到一些父母，他们只要提到金钱就表现出一种恐惧和反感的态度，从来没有丝毫的快乐和兴奋。当今最容易引发家庭争吵的话题就是钱。孩子每天耳濡目染，也会逐渐把金钱与恐惧和不满联系在一起。在许多家庭中，孩子学到的是，钱是稀有的，很难挣到，只有努力工作才能挣到钱。我和父母待在家里时，也常听他们这么说。而和富爸爸在一起时，我却了解到挣钱是一种游戏，游戏中乐趣无穷。我选择了在生活中把挣钱当做游戏，并乐在其中。

在下一章中，我会回头来说说第三步，我会更多地把侧重点放在现实生活上，或者说是更多地放在真钱上。你可以通过这一部分来训练你的孩子，为他进入现实世界做好准备。

第10章
为什么储蓄者总是损失方

有个朋友最近向我征求财务建议，我问她出了什么问题，她回答说："我有很多钱，但我害怕投资。"她努力工作了一辈子，攒下了25万美元。

当我问她为什么害怕投资时，她答道："因为我害怕赔钱。"她继续说："这是我千辛万苦挣来的钱，是我工作了很多年才积攒下来的。现在我就要退休了，但我知道靠它来度过余生是远远不够的，我也知道应该去投资以获得丰厚的回报。可我都到这把年纪了，要是我失去了它，我就再也不可能去工作把它挣回来了。我已经老了。"

老掉牙的赚钱方式

前几天我在电视里，看到了一位儿童心理专家在节目中提出了一些理财的建议。他说："教你的孩子去储蓄非常重要。"在随后的采访中，他发表了一通陈词滥调，如"尽可能早地养成良好的储蓄习惯""存下一分钱就等于挣了一分钱"和"存钱是为了未雨绸缪"等。

我的妈妈常对她的4个孩子说："既不要欠债，也不要放贷。"爸爸也常说："我希望你们的妈妈不要再从贷款人那里借钱，这样我们就可以拿出些钱来储蓄。"

我听许多家长对他们的孩子说："上学，取得好成绩，找份好工作，买房子并存钱。"在工业时代，这是个很好的赚钱方式。但在信息时代，这个建议可能就是一个失败的方式。为什么呢？只因为你的孩子在信息时代需要更复杂的财务信息，其复杂程度远远超过了把钱存进银行或退休金账户这种老掉牙的方式。

富爸爸的储蓄课程

富爸爸会说："储蓄者总是损失方。"这并不是说他反对储蓄。他之所以说"储蓄者总是损失方"，是因为他希望我和迈克不要做一个只会储蓄的人。在《富爸爸穷爸爸》一书中，富爸爸的第一课是"富人不为钱工作"。他希望我们也不要为钱工作，而是让钱为我们工作。虽然储蓄也是一种让钱为我们工作的形式，但在他的头脑里，简单地存钱并试图依靠利息生活是损失方的游戏。他可以证明这一点。

虽然这一点我已经在前几章中提到过，但我有必要再重复一遍。它会向你说明为什么富爸爸说"储蓄者总是损失方"。它还可以向你说明为什么早早地教孩子读懂财务报表如此重要。

我爱我的银行经理

首先，我爱我的银行经理。我这么说是因为读了前几章之后，你可能会以为我反对银行和银行经理。这有些离谱，事实是我爱我的银行经理，因为他们是帮助我致富的金钱伙伴，我喜欢帮助我致富的人。我反对的是财务方面的无知，正是这种无知使许多人把银行经理变成了催债的家伙。

当银行经理对你说你的房子是一项资产时，问题是，你的银行经理是在撒谎还是在讲真话？答案是，银行经理告诉你的是真话。他只是没有说你的房子是谁的资产。而其实，你的房子是银行的资产。如果你读得懂财务报表，就很容易理解这是怎么回事了。

下图有助于说明为什么大多数人的房子是银行的资产。

你的财务报表：

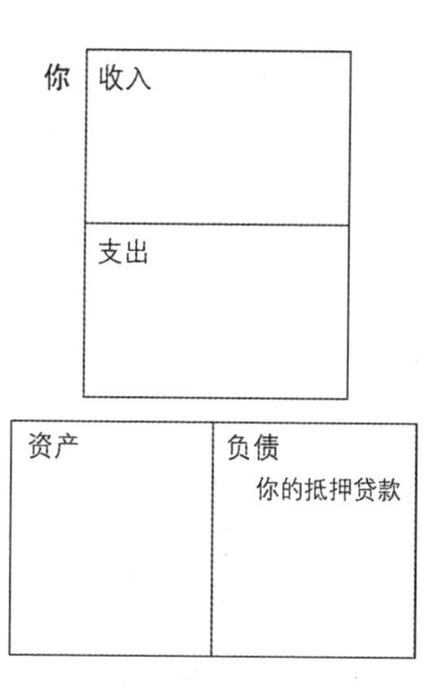

当你穿过小城到银行去看他们的财务报表时，你会看清财务报表到底是怎样工作的。

银行的财务报表：

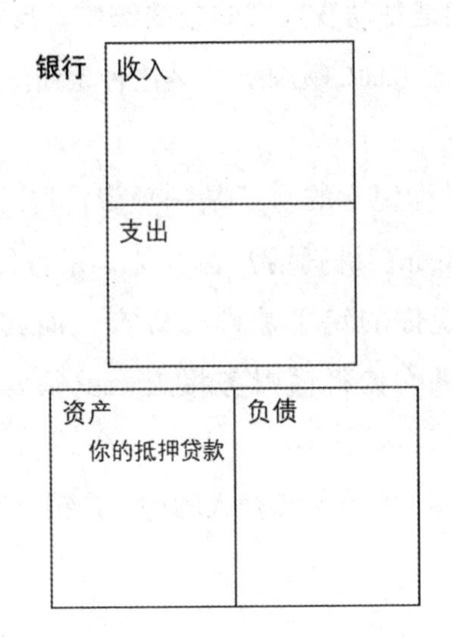

通过看银行的财务报表，你很快就会注意到，在你的财务报表中列在负债栏下的抵押贷款，却列在了银行的资产栏下。这时，你就会开始明白财务报表是如何工作的。

现金流的完整循环图

当人们告诉我这什么也说明不了，并坚持他们的房子就是资产时，我用现金流做了一次试验，因为现金流几乎可以说是企业和投资领域中最重要的检验工具。根据定义，如果钱流进了你的口袋里，你所拥有的就是一项资产；如果钱流出了你的口袋，你所拥有的就是一项负债。

请看下页的现金流完整循环图。它将向你揭示无法用语言说明的事实。

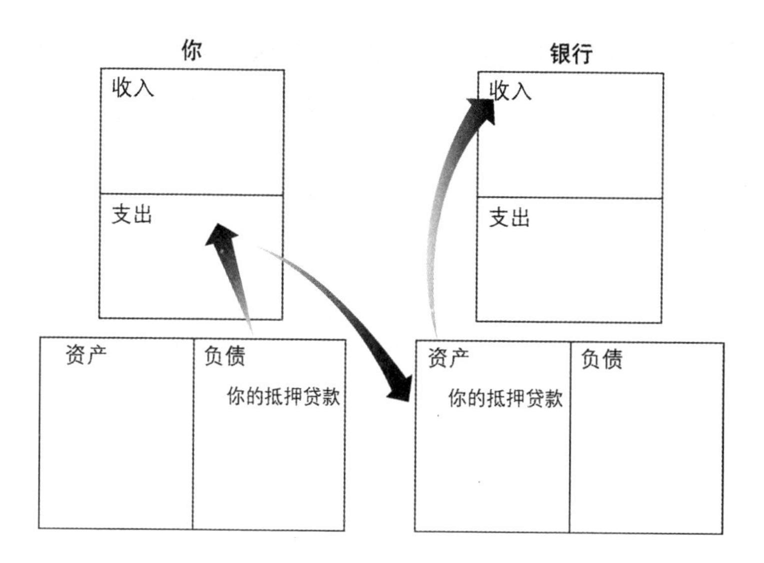

储蓄怎么样了

下一个问题是，对损失方来说，这和储蓄存款有什么关系呢？这个答案也可以通过阅读财务报表来获得。

你的财务报表是：

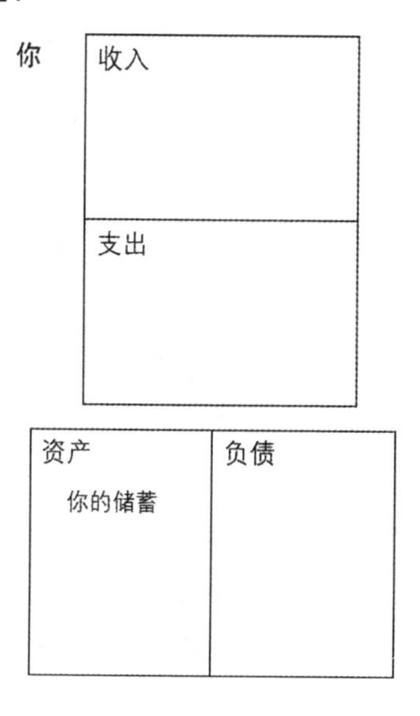

是的，你的储蓄是一项资产。但让我们跟随现金流的踪迹来看看真实的情况吧，这样做能够提高我们的财商。

请看银行的财务报表：

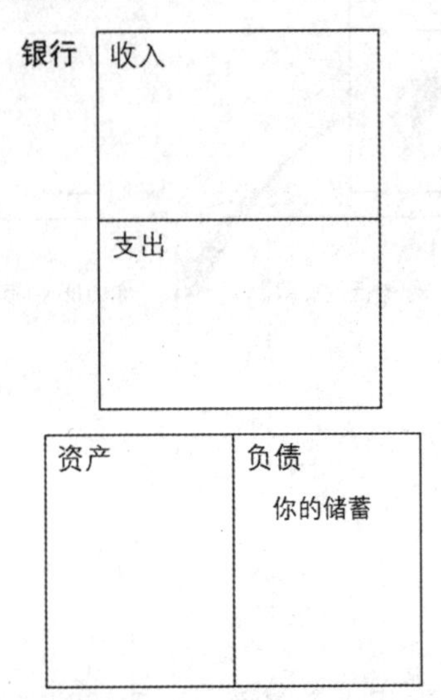

再做一次现金流的试验，根据现金的流向（流进或流出），你会对资产和负债作出正确的界定。

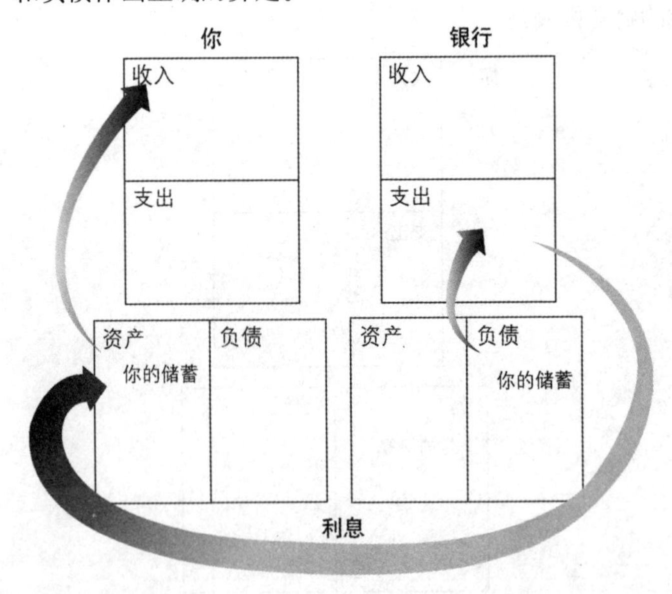

债务使你享受税收减免，储蓄则让你受到征税惩罚

2000年初，许多经济学家为美国的负储蓄率感到震惊。负储蓄率意味着，美国银行里的债务比现金多。经济学家们开始建议国家鼓励人们更多地储蓄。他们的警钟已经敲响，因为美国从亚洲和欧洲的银行借了太多钱，美国已濒临经济灾难的边缘。在我读过的一篇文章里，一位著名的经济学家说："美国人已丢失了我们祖先留下的努力工作和储蓄的美德。"这个经济学家仍在谴责是美国老百姓造成了这个问题，而不是我们在祖先去世多年后创造的这个体制。

翻看美国的税法，我们发现这是使低储蓄、高债务问题变得如此严重的原因。富爸爸说"储蓄者总是损失方"，但他并没有反对储蓄。富爸爸只是指出了这个严重的问题。在许多西方国家，人们借债时会享受到税收减免。换句话说，这一政策会激励人们借更多的债。这就是有如此多的人宁愿背负信用卡债务并把它转化成房屋净值贷款的原因。

与此相比，储蓄可就享受不到税收减免了。储蓄者反而会被征税。问题还不止这些，税法将税率最高的税收加在了那些工作最辛苦、工资最低的人身上，而不是富人身上。我认为这个体制显然是在惩罚工作并储蓄的人，同时鼓励那些借钱消费的人。教育体制越抗拒教孩子们怎样阅读财务报表，这个国家就有越多因为读不懂数字而弄不清到底发生了什么事的人。

对储蓄的奖励

富爸爸说："如果你的储蓄利率是4%，同时通货膨胀率也增加

4%，那你实际上没有得到任何好处。而政府还会对你的利息征税，所以最后的结果就是，你在储蓄上赔了钱。所以储蓄者就是损失方。”

除了这段话之外，富爸爸很少谈及储蓄。他一直在教我们如何让钱为自己努力工作，让钱去获取资产，或者就像他说的那样“把钱变成财富”。我的父母把钱变成了债务，却还把它当做资产，最后也就没什么可储蓄的了。虽然他们努力工作并且无钱可存，他们还是不断地对孩子们说：“找份工作，努力工作并存钱。”这也许是工业时代的好建议，但在信息时代，它绝对是个坏建议。

你的现金流动得有多快

富爸爸并不反对存钱。但他没有让我们漫不经心地去存钱，而是和我们谈论钱的“速度”。他没有劝我们留点钱出来作为“退休储蓄”，而是经常谈到“投资回报率”[①]和“内部收益率”[②]，说得简单点，也就是“我收回钱的速度有多快”。

下面是一个简化后的例子：

假如我买了一所价值 10 万美元的出租屋，并从我的储蓄中拿出 1 万美元交纳首付。一年后，我获得的租金减去我需要偿还的抵押贷款、税款和其他费用，净剩 1 万美元。也就是说，我收回了 1 万美元的存款，同时，还得到了一套房子（一项资产），此后每年它还会为我挣 1 万美元。现在我收回的 1 万美元还可以用来买别的资产、股票，或者用来创办企业。

---

① 投资回报率（ROI）：从投资中获得的收益与投入资金总额的比值。

② 内部收益率（IRR）：使资金流入现值总额与资金流出现值总额相等、净现值等于零时的折现率。

这就是一些人指的“钱的速度”，或者就是富爸爸说的“我收回钱的速度有多快”或“我的投资回报率是多少”。理财高手们希望收回他们的钱以便投资于其他资产。这也可用以说明为什么富人越来越富，而其他人却忙着为退休存钱或节俭度日以备不时之需。

用真钱玩

在本章开篇，我提到了一位老朋友，她马上就到了该退休的年纪，存有25万美元，在犹豫下一步该怎么做。她知道她每年的花费是3.5万美元，但25万美元的储蓄所得到的利息显然不足以满足她一年的开销。我用上面那个简单的例子，即从储蓄中拿出1万美元去买一所价值10万美元的房子，来向她解释投资能以怎样的方式解决她的财务问题。当然，她首先需要学习如何投资并找到这样一个投资项目。当我向她解释什么是“钱的速度”和“投资回报”时，她愣住了，她在理智上和情感上都不能接受这些做法。虽然她知道这么做是可行的，但对赔掉血汗钱的恐惧仍让她无法接受这种新的赚钱方式。她所知道的就是努力工作和尽量储蓄。直到今天，她的钱仍然存在银行里。最近我又见到她，她说：“我热爱我的工作，所以我想再工作几年，工作使我充满活力。”看着她渐行渐远的背影，我似乎又听到富爸爸在说：“人们努力工作的一个主要原因是，他们永远都学不会如何让钱为自己努力工作，所以他们只有一生拼命工作，而他们的钱却闲了下来。”

教你的孩子学会让钱为他努力工作

下面介绍一些点子，或许你能用它们来教你的孩子让钱为他努力工作。此外，我提醒家长们，如果你的孩子不想学，一定不要强迫他。教育的小窍门是找到让孩子们爱上学习的方法，而不是强迫他们去学习。

3 个小猪存钱罐

当我还是个小孩子时，富爸爸让我买 3 个小猪存钱罐，并分别贴上以下标签：

缴什一税：富爸爸主张向教堂和慈善机构捐一些钱。他从自己的总收入中拿出 1/10 缴什一税。他常说："上帝不需要得到，但人们需要给予。"很多年来，我发现许多世界上最富的人都是带着缴什一税的习惯生活着。

富爸爸确信他的财务好运缘于他缴纳什一税。他会说："上帝是你的搭档。如果你不付钱给你的搭档，他就会停止工作，这样，你就得花 10 倍的努力去工作。"

储蓄：第二个存钱罐用于储蓄。富爸爸认为我们至少应该存下足以应付一年的生活开销的钱。例如，如果他每年的总开支为 3.5 万美元，他就会储蓄 3.5 万美元。存够这笔钱后，用剩下的钱缴什一税。如果开支增加，储蓄额也应随之增加。

投资：在我看来，这个存钱罐开启了我的成功之门，它向我提供金钱，我用这笔钱去承担风险。

我那位有 25 万美元存款的朋友本应在 9 岁时就有这样一个存钱罐的。就像我在前面提到的那样，当一个孩子成长到 9 岁，他就开始寻找自己的人生观了。我在 9 岁时学习到的是不需要钱，不需要一份工作，而要去投资，这就帮助我形成了我的人生观。我找到了财务自由而不再需要财务安全。

换句话说，从第三个存钱罐里，我拿到了真钱去冒险、犯错、吸取教训，并获得了让我受益终生的经验。

我投资的第一个项目是稀有钱币，至今我仍保有这种收藏习惯。在投资钱币之后，我又投资了股票和不动产，但我在教育上的投资却超过我在资产上的投资。今天，当我谈及“钱的速度”和投资回报率时，我其实是在讲 40 多年的经验。我那位有 25 万美元存款、快到退休年龄的朋友在这方面可以说毫无经验。正是由于缺乏这种经验，她就极度害怕失去她的血汗钱。而我也正是凭借自己这 40 多年的经验才在这一领域有了一个不错的发展。

通过给你的孩子 3 个小猪存钱罐，你实际上是在他们年纪尚轻的时候就为他们播下了获取这种无价经验的种子资本。一旦你的孩子有了这 3 个存钱罐并正在养成良好的习惯，你也许会让你的孩子从“储蓄”存钱罐中拿出钱到经纪公司开一个账户，购买共同基金或股票。我建议让孩子们去做这种尝试，这可以让他们获得智力、情感和身体的体验。但我知道，许多家长实际上是在代替孩子做这些事。虽然你们帮着孩子挣了一点钱，却剥夺了孩子们体验的过程——现实世界里的体验和教育一样重要。

首先支付自己

最近，我参加了欧普拉·温弗瑞的电视访谈节目。现场观众问得最多的一个问题就是：“如何首先支付自己？”听到这个问题，我非常吃惊，这才知道对许多成年人来说，“首先支付自己”这个观念让他们感到既新鲜又费解。费解的原因是，有如此多的成年人深陷债务之中，使他们根本不可能首先支付自己。节目结束后，我认识到，富爸爸让我用 3 个小猪存钱罐开始人生的方式，实际上是在教我如何首先支付自己。今天，作为一个成年人，我和我妻子仍然在抽屉里放 3 个小猪存钱罐，我们仍然在缴什一税，仍然在储蓄和投资。

当我研究富人们的生活时，我发现首先支付自己在他们的思想中是首要准则，是他们生活的基本原则。最近，我听了投资专家和基金管理人约翰 · 邓普顿爵士的演讲，他说他尽量把收入的 20% 用于生活开支，收入的 80% 用于储蓄、缴什一税和投资。许多人把收入的 105% 用于生活开支，于是也就剩不下什么钱可以用来支付自己了。除此之外，他们还会首先支付其他人。

日常文书工作

富爸爸把 3 个小猪存钱罐的观念深化了，他想让我和迈克把我们的存钱罐与财务报表联系起来。我们不断地向存钱罐里存钱，他就让我们把存钱罐里的钱记入简化的财务报表中。

以下是他教给我们的记账方式：

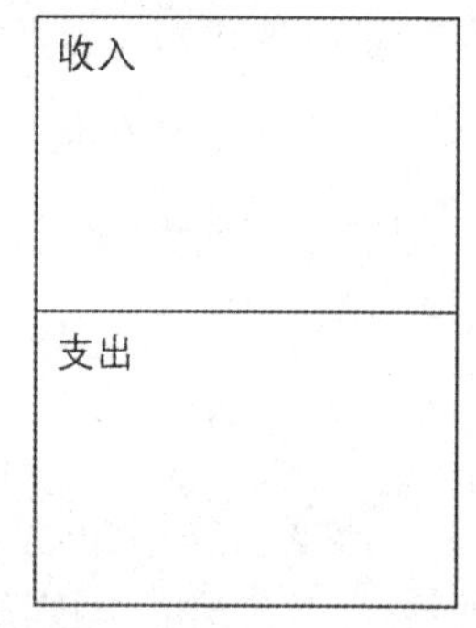

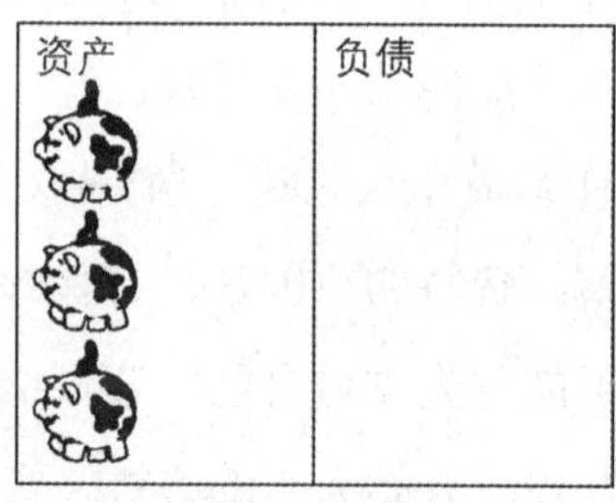

如果从我们的账户或存钱罐中拿了一些钱出来，我们就得记录下来。例如，如果我从缴什一税的账户中拿出了25美元捐赠给教堂或慈善机构，我就必须记入到当月的财务报表中。

我当月的财务报表如下图所示：

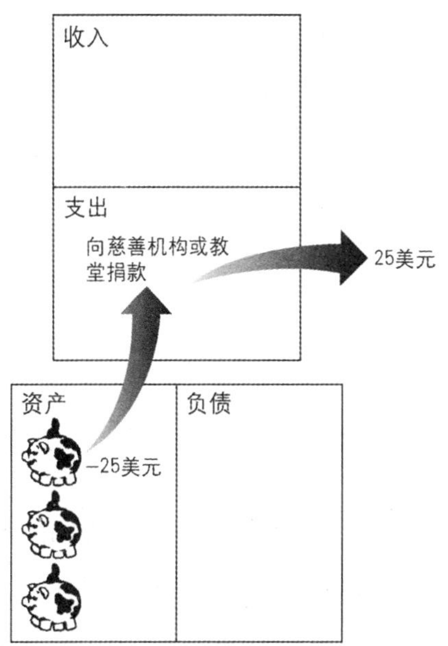

有了3个小猪存钱罐并把我的钱记入财务报表中，我得到了大多数成年人从未得到过的财商教育和体验，这对一个孩子来说尤为可贵。富爸爸会说："'accounting'（会计、清算账目）这个词来自于'accountability'（有责任、负有说明义务）一词。如果你想变富，你就要对自己的钱负起说明的责任。"

我无法告诉你"accountability"和"accounting"的观念对我今天生活的影响有多大，这个观念对任何人都很重要。当一家银行有礼貌地拒绝你的贷款要求时，实际上是在告诉你，从很多方面来说，他们都担心你缺乏对自己的钱进行说明的能力。当国际货币基金组织（IMF）说一个国家不够"明晰"时，它其实是在从很多方面说这个国家应提供更为明晰的财务报表。明晰意味着透明。拥有明晰的报表会使任何对这个国家有兴趣的组织都能很容易看出现金从哪儿来，到哪儿去。换句话说，IMF 要求一个国家进行说明，而富爸爸则是要求我和迈克进行说明。

所以，无论是一个孩子、一个家庭、一家公司、一间教堂还是一个大国，管理金钱并对其进行说明的能力都是值得一学的、重要的生活技能。

这就是开始

使用桌面游戏、3 个小猪存钱罐和简单的财务报表，是富爸爸带领我和他的儿子进入现实的金钱世界的方法。看起来这很简单，但并不容易坚持下去。从这一过程中我学到的最重要的一课是财务自律的价值。我知道，每个月我都要向富爸爸报告我的财务状况，向他说明我的钱的来龙去脉。好几个月我都想逃掉，可回想起来，财务状况最差的月份往往是我学到知识最多的月份，因为我是从自身中学习的。我还知道，这种自律对正在上学的我帮助很大，因为我曾因难以自律而不是智力低下陷入了最严重的学业困境。

这就是富爸爸教我和迈克在现实世界中处理金钱事务的方式。在后面的章节中，我将进一步介绍值得你一试的、更高级的练习方式，以及按照这一方法来学习的其他课程。这些课程值得一学，因为在当今社会，仅靠存钱以备不时之需确实是种落伍的理财之道。在工业时代，储蓄或许是个好主意，但它已赶不上信息时代的变化了，因为信息更新得太快了。在信息时代，你需要知道自己的钱周转得多快，以及它为你工作得有多努力。

第11章 良性债务与不良债务的区别

我的父母一生中的大部分时间都在努力摆脱债务。

相反，富爸爸一生中的大部分时间则是在努力支配越来越多的债权。富爸爸没有建议我和迈克尽量避免债务、清偿账单，而是告诉我们："如果想成为真正的富人，就必须知道良性债务和不良债务的区别。"这并不是富爸爸最看重的课程，他只是想让我们明白财务状况好与差的区别。富爸爸更想做的是挖掘我们的理财天赋。

你知道好与坏之间的区别吗

在学校里，老师们把大部分时间花在寻找正确的答案和错误的答案上。在教堂里，教众们把大部分时间花在讨论善与恶的斗争上。论及金钱，富爸爸也希望能够教会他儿子和我去分清好与坏。

穷人和银行

当我还是个孩子时，我知道许多贫困家庭并不信任银行和银行经理。跟西装革履的银行经理谈话让许多穷人都感到不自在。所以他们中的许多人都认为，与其去银行，还不如把钱藏在床垫下面或其他安全的地方。如果有人需要钱，这些人就会集合到一起，拿出他们藏起来的钱凑在一起借给那位需要钱的成员。如果需要钱的人实在无法从朋友或家庭成员那里借到钱，他们就会把当铺当做他们的银行。他们并不是把自己的房子当做抵押品，而是押上链锯或电视等物品，并接受很高的利息。现在，在美国的一些州，穷人短期借款的利率甚至超过了 400%，以至于被称做“发薪日贷款”。许多州规定了利率上限，但借钱的成本仍然很高。当我意识到这些金融机构对穷人有多苛刻时，我才明白为什么许多穷人都不信任那些西装革履的人——不过我也知道信任是双向的。对穷人而言，所有的银行和银行经理都很坏，都在剥削他们，而银行和银行家们对穷人也没什么好感。

中产阶级和银行

我父母和大多数中产阶级一样，认为钱存在银行里很安全。他们常对孩子们说：“钱放在银行里是最安全的。”所以他们把银行看成存放钱的好地方，也认为借太多的钱不好。因此他们一直想早日摆脱账单的烦扰。他们的目标之一就是还清房子的贷款，完完全全地拥有它。他们的观点总结起来就是，银行很好，存钱很好，借钱就不好了。这就是为什么我妈妈总是反反复复地叮嘱我：“既不要借债，也不要放贷。”

富人和银行

与之相反的是，富爸爸却教育我和迈克形成很高的财商，就像本书前面已经提到的，智力的定义之一就是“发现细微差异的能力”，或者“分而增的能力”。富爸爸的特别之处在于，他并不盲目地认为储蓄就好、借钱就坏。相反他会花很多时间让我们了解不管是储蓄、开支、债务、损失，还是收入、税收、投资，其实都有好坏之分。富爸爸通过教我们寻找并思考细微差异，来提高我们的财商。换句话说，你能讲出的良性债务与不良债务、好储蓄和坏储蓄之间的不同越多，你的财商就越高。如果你能把诸如债务之类的事情分出好与坏来，就意味着你的财商较高。

本书不讲好与坏之间的具体差异，如果你有兴趣了解得更多，可以看一下《富爸爸投资指南》，书中分别介绍了债务、开支、损失、税收之间的好坏差别。

本书想提醒家长尽量避免说类似下面这样的话：

“赶快把债还清。”

“要多存些钱。”

“快付清你的账单。”

“不要用信用卡。”

“不要借钱。”

正像我们先前说的，穷人总是认为银行不好并尽量避免和银行打交道；中产阶级认为银行提供的有些服务好，有些服务不好；而富爸爸则教育我们要看到每件事的好与坏。富爸爸鼓励我们去发现财务方面的好和坏，他使得我们发现细微差异的能力逐步提高，从而提高了我们的财商。

发掘孩子的财务天赋

富爸爸教给我们的非常重要的一课就是他所谓的“像银行经理一

样思考”。他也称之为“炼金术——把铅变成金子的方法”或“白手起家挣到钱的方法”。

读过《富爸爸穷爸爸》一书的人想必都还记得书中那个可笑的故事。那个故事说的是，我学着按银行经理的方式思考或者说按炼金士的方式思考，想把铅变成钱币。

富爸爸希望我和迈克真正了解银行是怎样运作的。他不希望我像大多数穷人那样认为银行不好，或者像大多数中产阶级那样认为银行的某些地方很好而某些地方不好。在他指导我们的过程中，他有时会带我们去他的银行，让我们坐在大厅里观察来来往往的人们。等我们做过多次这样的练习之后，他问我们：“你们看到了什么？”

我们当时只有14岁，对很多事情还不太了解，于是表现出了跟其他十几岁的孩子被问到问题时一样的反应，耸耸肩，看起来有些不耐烦。“有的人走进来，有的人走出去。”迈克应道。

“就是嘛。”我答道，“我看到的也是这样。”

“很好。”富爸爸带我们走到出纳柜台前，我们看到一个女人正在存款。“看到了吗？”他问。

我们点点头。

“好的。”他又把我们领到一位银行职员的办公桌前，“你们在这里看到了什么？”

我和迈克看到一位身穿西装的男人一边填写财务报表，一边跟那个银行职员交谈。“我不太清楚，”我说，“如果让我猜，我猜他是在借钱。”

“好的。”富爸爸暗示我们可以离开了，“你们终于看到了我想让你们看到的东西。”

钻进富爸爸那辆被夏威夷的太阳晒得有些发烫的车，迈克问我：“我们到底看到什么了？”

“问得好，”富爸爸接过话头说道，“你们看到什么了？”

“我看到人们走进去把钱存到银行里，”我说，“我还看到另外一些人走进银行把钱借出去，就这些。”

“很好，”富爸爸说，“那么借出去的钱是谁的钱？是银行的钱吗？”

“不是，”迈克说，“是存款人的钱，银行在用别人的钱赚钱。他们吸收存款并把它们贷出去，他们用的不是自己的钱。”

“非常好，”富爸爸转向我说，“你父母每次到银行都做些什么？”

想了片刻，我答道：“他们千方百计地去存钱。假如他们借了钱，就会千方百计地去还钱。他们认为储蓄很好，借钱不好。”

“很好，你的观察能力很强。”富爸爸说。

我把棒球帽檐转到脑后，又耸了耸肩，心里想：还不赖。车子正往回开，向富爸爸的办公室驶去。

回到办公室，富爸爸在他的黄色便笺本上画了下面的图表——财务报表。

银行

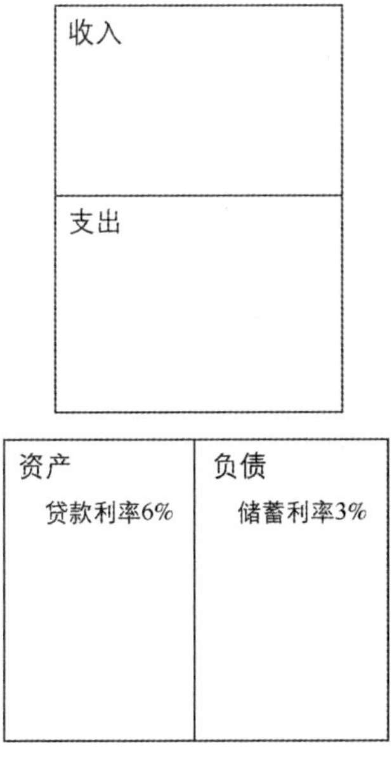

收入
支出

资产	负债
贷款利率6%	储蓄利率3%

“你们看得懂这张图吗？”他把本子推到我们面前，问道。

我和迈克研究了一会儿，点点头说：“我们懂了。”迄今为止，我们已见过许多不同的财务方案，因此更能理解富爸爸的想法了。“银行吸收存款并付给储蓄者 3% 的利息，然后以 6% 的利率贷给借款人。”

富爸爸点点头说：“这是谁的钱呢？”

“是储蓄者的钱。”我迅速答道，“储蓄者的钱一进入银行，银行经理就想办法把它贷出去。”

富爸爸又点了点头。接下来是一阵沉默，他想让我们消化一下他刚刚让我们了解到的东西。他说：“我和你们玩‘大富翁’游戏的时候，我常对你们说你们得找到获取巨额财富的方法，对吗？”

我们点头称是。“4 栋绿房子，1 家红酒店。”我轻声答道。

“好。”富爸爸说，“不动产的一个好处就是你们能看到它。现在你们又长大了一些，我想让你们看到眼睛看不到的东西。”

“眼睛看不到的东西？”我问道，这回感到有些困惑了。

富爸爸点了点头：“你们现在又长大了一些，头脑也更加成熟了。我想开始教你们用头脑去看那些穷人和中产阶级看不到的东西。他们看不到是因为他们不熟悉财务报表，也不懂财务报表是怎么起作用的。”

我和迈克安静地坐着，期待着。我们知道他将向我们展示的是一些看似简单实则深奥的东西——当我们超越简单的表象去理解它们的时候才能领略其中的深奥。

富爸爸又拿出他的便笺，画了第二幅图。

富爸爸的财务报表：

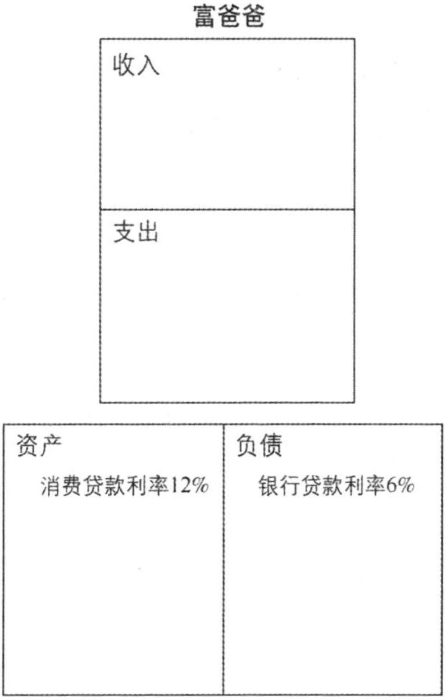

富爸爸

收入

支出

资产	负债
消费贷款利率12%	银行贷款利率6%

我和迈克坐在那里，盯着这幅图看了好长一段时间。正如我所说的，这是一张很简单的图，但是如果我们能够越过它简单的表象，就能发现它的深奥内涵。最后我开口了：“所以你借钱，然后又把它借出去，就像银行一样。”

“对，”富爸爸说，“你知道你的父母常说‘既不要借债，也不要放贷’吗？”

我点点头。

“这就是他们为钱奋斗的原因，”富爸爸说，“首先，他们把注意力集中在存钱上。如果借钱，他们就会去买自认为是资产实际上却是负债的东西，比如房子和汽车，这些东西使现金流出而不是流入。然后他们会辛勤工作以偿还债务，这样他们就可以说‘我完完全全拥有它了’。”

"这么做很糟糕吗？"我问。

"不是，"富爸爸说，"这不是好与坏的问题，这是所受教育的问题。"

"教育？"我重复道，"教育和这件事有什么关系？"

"是这样的，"富爸爸说，"在金钱方面，你父母所受的教育并不好，所以他们认为存钱和尽快还清债务是最好的出路。以他们所受的财商教育，或者说他们所具有的'理财经验'，这种金钱管理模式最适合他们。"

"但是假如他们想做你所做的事，"迈克说，"他们就必须接受更多的财商教育。"

富爸爸点了点头："这也是我希望能在你们走出校门之前向你们提供的教育。如果你们在走出校门之前没有学会我教给你们的这些东西，就很难再有机会学到这些东西了。如果你们走出校门时没有接受过这方面的教育，你们会感到生活对待你们不公平，其实这只是因为你们对钱知之甚少。"

"你是说现实世界会教训我们？"我问道。

富爸爸点了点头。

"所以你会借钱去赚钱。"我说。

"对。"

"可我的父母却在为钱工作，然后拼命存钱，想尽办法避免借钱。"

富爸爸点点头："这就是他们很难致富的原因。"

"因为他们是在为钱努力工作。"我接着说，希望能得到富爸爸的进一步解释。

富爸爸点点头说："可是一个人努力工作是有限度的，而且辛苦工作能够得到的钱也是有限度的。对于大多数人来说，辛勤工作所换来的钱是有限的。"

"所以他们能存的钱也是有限的，"迈克插嘴道，"你还说过，工资发到雇员手里之前，已被扣掉了很多税。"

富爸爸轻轻地向后靠在椅子上，这个动作意味着他觉得这一课快结束了。

我的眼睛停在了富爸爸的便笺本上，我指着资产栏和负债栏问道："你和银行的做法一样，从银行借款，然后再想办法用借到的钱挣回更多的钱。"

富爸爸

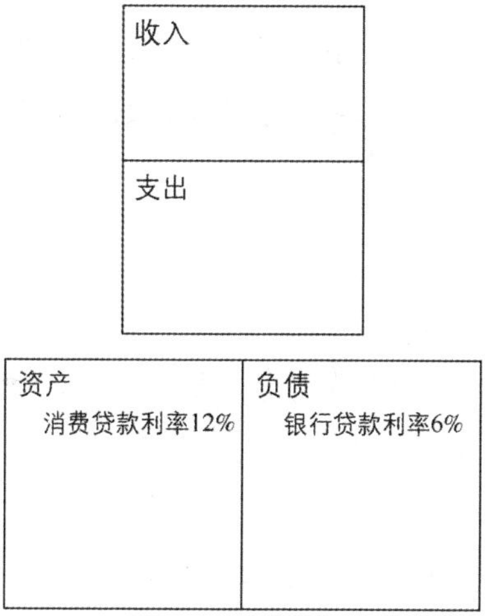

收入
支出

资产	负债
消费贷款利率12%	银行贷款利率6%

富爸爸注视着我说道："现在让我们看一看你父母的财务报表。"

穷爸爸

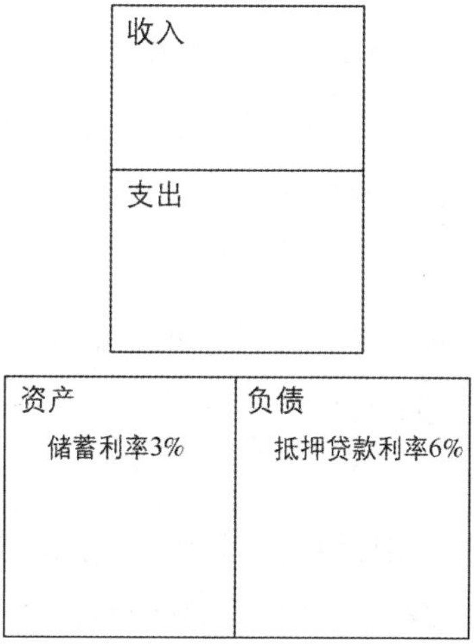

收入
支出

资产	负债
储蓄利率3%	抵押贷款利率6%

看到这张报表，我惊呆了，坐在椅子里一动也不动，我明白了富爸爸要告诉我的东西，它就像一记警钟。

富爸爸、迈克和我坐在那里研究两张财务报表的不同之处。我当时并不会想到这堂简单的课对我将来的生活会产生多么大的影响，从那天起，我看世界的方式发生了改变。这个看似简单的例子中有许多值得领悟的东西，直到今天我仍在学习这堂课。

许多教益是看不到的。我建议大家和你们的朋友坐下来，谈一谈这些细微的差异对人的一生造成的影响。我建议你花一些时间讨论下面这些问题：

1. 在生活中，如果人们抱有错误的财务观念，使得资产挣回的钱少于负债的成本，这时会发生什么事情？

2. 你存一笔钱而不是借一笔钱要花多长时间？例如，假设你每年挣5万美元，并且要支付全家的食物、衣服和教育开销，你多长时间能存10万美元？借10万美元又需要多长时间呢？

3. 假如你借钱挣钱，而不是辛苦工作去存钱，比起你用自己存的钱去挣钱，能比别人提前多久富起来？

4. 当一个爸爸借债然后把债务变成资产时，另一个爸爸是怎样把资产（他的储蓄）变成负债的（储蓄者总是损失方）？

5. 为了成为一个借钱挣钱的人，你应该具备哪些财务技能？

6. 你该怎样学习以掌握这些技能？

7. 上面提到的两种财务报表各有哪些长期和短期风险？

8. 我们该教孩子些什么？

如果你愿意花些时间讨论这些问题，我想你会明白为什么有些人能够变富而有些人只能终生在财务问题中挣扎。生活中有许多人为钱所困，也有许多人取得了财务成功，这都是与金钱、储蓄和债务分不开的。

提醒你——从小事做起

富爸爸常说：“要把你的债务看成一把上了膛的手枪。”富爸爸常说了解良性债务和不良债务都很重要，因为债务能使你成为穷人，也能使你成为富人，就像一把上了膛的手枪，它既可以保护你也可以杀了你。在今天的美国，信用卡债务已经威胁到许多家庭，甚至是受过良好教育的家庭。

本章的主要意图是给你一些时间去思考，在债务方面你该教给孩子些什么。如果你想让你的孩子长大后能在较短的时间里变得富有，作为父母，你就需要教你的孩子有关债务和债务管理的基本技能。这样的教育应该从财务报表开始。

如果你不教你的孩子任何债务方面的知识，你的孩子就有可能终其一生都在为财务问题苦恼。他们努力工作、努力存钱，但依旧陷入债务堆中。

下一章讲的是父母该怎样提高孩子的财商，一个拥有高财商的孩子可以更好地运用债务的惊人力量。正如富爸爸所说，“要把你的债务看成一把上了膛的手枪”，以及“你必须知道良性债务和不良债务的区别”。

当你开始教你的孩子分清良性债务和不良债务、好开支和坏开支时，你正在发掘他身上的理财天赋。

第12章
用真钱学习

当父母告诉我他们没钱送我上大学时，我的回答是：“不要紧，我不需要你们供我上学，我会自己想办法缴上学费的。”我能自信地说出这番话是因为我已经能自己挣钱了。我并不是说我已经挣到了能够支持自己完成学业的钱，而是说我已经学会了能让我挣到钱并完成学业的课程。这堂课是从富爸爸拿走我每小时10美分的工资开始的。从9岁开始，我就已经在学习靠自己生存了。

我不再帮助我的儿子并开始教育他

最近一位父亲找到我说：“我想我的儿子布瑞恩会成为下一个比尔·盖茨。他虽然只有14岁，但他已经对公司和投资产生了浓厚的兴趣。读了你的书之后我才意识到，以前是我把他宠坏了。我之前总是很想帮助他，但实际上阻碍了他的进步。当他对我说想要新的高尔夫球杆时，我给他布置了一项任务。”

“你之前怎么阻碍了他的进步？”我问。

“以前我总是教他为钱工作。”这位父亲说，“但是现在，如果他问我要高尔夫球杆，我会让他自己想办法挣钱去买。读完你的书以后，我认识到，过去我是在帮助他成为努力工作的消费者，他被设计成一个辛勤工作的人，而不是一个懂得如何让钱为他辛勤工作的富人。”

“那么你作了哪些改变呢？”我问。

“嗯，现在我会告诉他去邻居那儿看看有没有需要他做的工作。而过去我会直接给他零花钱，然后让他把钱一点一点存起来直到可以买到高尔夫球杆。”

“很有意思。”我说，“你没有教他去机械地存钱，而是鼓励他到外面去寻找挣钱的机会。”

这位骄傲的父亲点了点头说：“我原以为他会生气，谁知道他却兴高采烈地去开展他自己的业务了。他认为现在他是在靠自己，而不是伸手向我要钱。整个夏天，他都在为别人修剪草坪，他总共挣了500美元，足够他买球杆了。然后我又做了一些与众不同的事。”

“你做了什么？”我问。

“我带他到一家证券公司开了个账户，他在那儿买了100美元的高增长共同基金。我告诉他这是他上大学的基金。”

“太好了！”我说，“然后你让他买高尔夫球杆了吗？”

“噢，没有。”这位父亲眉宇间充满了自豪，“接着我做了你的富爸爸可能会做的事。”

“什么？”我好奇地问。

“我拿走了他的400美元，告诉他我会一直把钱放着，直到他发现一项能让他买到高尔夫球杆的资产。”

“什么？”我问，“你让他去购买资产？你为此延迟了他享受报酬的时间？”

“是的，”这位父亲说，“你说过延迟回报是需要培养的重要财务手段，所以我拿走了他的钱，推迟了他获得回报的时间。”

“结果怎样？”我问

“他生了半个小时的气，随后他意识到了我这么做的目的。他认识到我在教他的一些东西，于是他开始思考。当他理解了我的用意之后，他接受了这一课。”这位爸爸说。

“什么课呢？”我问。

“他走过来说：‘你在设法留住我的钱，是吗？你不想让我把它花在一套球杆上。你想让我既能拥有球杆又能留住这笔钱。这就是你想让我学的，对吗？’”这位父亲面带笑容地说，“他从中受到了教育。他现在知道既要留住辛苦钱又要拥有高尔夫球杆。我真为他感到骄傲。”

“哇。”我惊叹道，然后我说，“他才 14 岁，就懂得了自己在留住这笔钱的同时也可以得到球杆吗？”

“是的，”这位父亲说，“他已经能够理解他可以同时拥有这两样东西。”

我忍不住又一次惊叹道：“哇，很多成年人都认识不到这一点。那么你儿子后来是怎样做的呢？”

“他开始读报纸上的广告，然后去高尔夫用品商店与店主交谈以了解他们的需求。有一天他回家后告诉我他要用钱，他已经发现了一条既能留住钱又能买高尔夫球杆的办法了。”

“什么办法？”我向前探了探身子，等着听答案。

“他找到了一位愿意廉价出售自动糖果售卖机的人。然后他问高尔夫用品商店的店主能否在他的店里放两部机器。店主说可以，于是他回家向我借钱。他用 350 美元买下了两台机器并买了足够的果仁和糖果，他把机器放置在高尔夫用品商店里。然后他每周去高尔夫用品商店一次，从机器中收钱并把机器装满。两个月后，他已经挣足了买高尔夫球杆的钱。现在他已拥有了球杆，同时他从他的资产——6台机器中不断地获得稳定的收入。”

“6台机器？”我说，“你不是说他买了两台机器吗？”

“是的，”这位父亲说，“当他认识到这些机器是他的资产时，他又买回了更多的资产，所以现在他的大学基金也在稳步增加。同时他还有足够的时间和钱去玩高尔夫球，因为他不必为支付高尔夫球场租金而辛勤工作。他的目标是成为下一个泰格·伍兹，而我也不需要再为此花钱。最重要的是，他从中学到的东西远远超过了我只是单纯地给他零花钱所能学到的。”

“听起来你有个正在长大的兼具泰格·伍兹和比尔·盖茨优点的儿子。”

这位骄傲的父亲大笑起来：“你知道，这并不是最重要的。最重要的是，他现在知道了他可以成为他想成为的人。”

他可以成为他想成为的人

我们一直在讨论他的儿子知道长大后能成为他想成为的人的重要性。“我父亲说过，‘成功就是能成为你想成为的人’……听起来你的儿子已经相当成功了。”

“是啊，他很快乐，”这位父亲说，“他与学校里的其他同学不一样。照他们的说法，他很‘另类’。既然他有自己的生意和自己挣的钱，他自然就有了自己的特点，也获得了安全感。但他并没有因此而飘飘然，他所获得的安全感使他有时间思考自己到底想成为怎样的人，而不是一心想成为他的朋友眼中很酷的人。经历了这个过程，他变得更加自信。”

我点了点头，回忆起我自己的高中生活。我痛苦地记得我总是个圈外人，而不是圈里人。我记得自己当时被排斥在一大群人之外，不被“酷”的孩子们接受和认可让我感到十分孤独。现在回想起来，跟随富爸爸学习的经历让我有了自信，尽管这并不是最酷的感觉。我知道尽管我不是学校里最聪明和最酷的孩子，但至少有一天我会富有——而这是我最期盼的。

“告诉我，”那位父亲开口问道，把我从高中生活的回忆中拉了回来，“你觉得我在我儿子的财商教育中还应该增加些什么内容？他已经行动了，而且做得很好，但我知道他还需要学习更多的东西。你有什么建议呢？”

“这个问题很好。”我答道，“他的账目做得如何？”

“账目？”这位父亲有些疑惑。

“是的，他的记录，也就是他的财务报表，他有没有随时做记录？”

“他没有什么报表。他只是每星期向我口头汇报一次。他会告诉我他从机器里收了多少钱，以及他为采购添加到机器里的糖果花了多少钱，但他没有正式的财务报表，财务报表对他而言太难了吧？”

“并不难，他可以做很简单的财务报表。事实上，刚开始接触财务报表时把它做得简单些会更好。”

“你是说要像玩‘现金流’游戏那样，填制真实的财务报表？”他问道。

“是的。”我说，“甚至可以没有那么难，重要的是他能看到财务报表上反映出的总体情况。然后他可以慢慢地细化它，加入更多的细节。只要他做了这些事，他的财商就会不断提高，他在财务上也会更加成功。”

“我们可以这么做，”这位父亲说，“我会把我们做的第一份财务报表寄给您。”

我们握手道别。一周后，我收到了他寄给我的财务报表：

布瑞恩 6 月份的财务报表

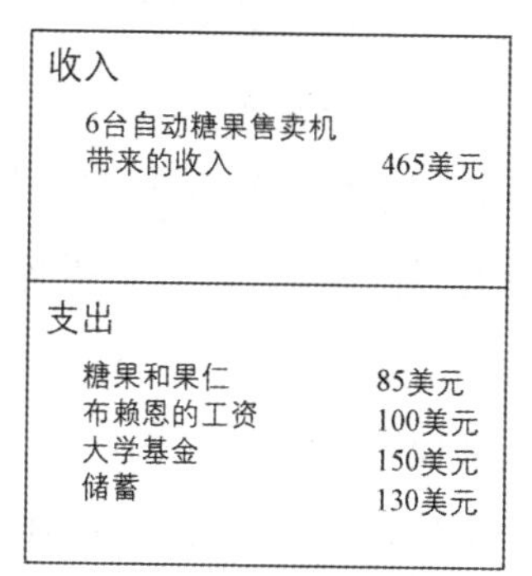

收入	
6台自动糖果售卖机带来的收入	465美元

支出	
糖果和果仁	85美元
布赖恩的工资	100美元
大学基金	150美元
储蓄	130美元

资产		负债
储蓄	680美元	0美元
大学基金	3700美元	
6台自动糖果售卖机	1000美元	

我向他们道贺并回信给他们。我在信中问道：“他的个人开销在哪儿呢？”他父亲用电子邮件回答我：“他把个人开销放进了另一张财务报表里。他不想把公司开销和个人开销搅在一起。”

我在电子邮件中回复道：“这是很好的训练。知道个人财务与公司财务的区别是很重要的。但为什么没有税收项目呢？”

他父亲又回信告诉我：“我暂时还不想吓到他。明年我们再考虑税收的问题吧。我现在想让他多保留一点成就感，但他很快就会学到税收这一课的。”

8 个月后

大约 8 个月后，布瑞恩的父亲发给我一份最新的财务报表。“想让你了解布瑞恩的进步。即使在市场最不景气的情况下，托管他大学基金的共同基金仍然运作得很好，现在快达到6000美元了。他已经拥有了9台糖果售卖机，并正在考虑开始另一桩生意，一家自动投币公司，就像‘现金流’游戏卡上的那种公司。他已雇用了临时簿记员，因为现在他的报表太复杂了。现在是对他讲解税收和介绍他认识一位会计师的时候了。他才刚满15岁，但我觉得也已经做好了进入现实世界的准备。他的财务报表已经很厚了，和他的成绩单一样多。随着他自信心的增强，他在学校的成绩也在提高。”

在这段话的最后，他写道：“另外，布瑞恩现在还有了一个女朋友，他正在教她他所学过的东西。她说她喜欢他，因为他和别的男孩子不一样，她认为他有着光明的未来。除此之外，我看得出来她比我儿子对公司更感兴趣。他的自尊心和自信心都达到了顶点。最重要的是他正学着成为他想成为的人——而不是成为其他孩子认为他应该成为的人。多谢您。布瑞恩的父亲。”

对我的工作最满意的部分

我们收到的大部分信件，无论是电子邮件还是邮寄来的信件，都对我们的工作表示认同，这让我们很受鼓舞。我感谢所有给我们写信的人，这些信件鼓励我们作为一个公司不断进步。虽然收到的信件中99%的评价是正面的，但仍有一些不同意见。我们也收到过一些信件，信中说“你们错了，我不同意你们的观点”，或者“你亵渎了我的信仰”。如我所说，我们收到的大多数信都是正面的评价，感谢你们，因为正是这份支持给了我们不断进步的力量。我们也感谢指出我们的错误以便让我们改进的人，我们会记住这些话，不管是正面的还是负面的。我们由衷地感谢大家。

有很多人都在信中写道："我真希望20年前就读过你的书，玩过你的游戏。"我想对这些人说："只要行动就永远不会嫌迟。我建议您允许自己有一些改变，做一些与过去不同的事。"一些人一心捍卫着过去取得的成果，谴责我侮辱了他们的信仰，然后继续做他们过去所做的事，尽管这样做在今天已经行不通了。这些人仍然沿用着过去曾为他们效过劳但在今天已过时了的赢配方，而这么做恰恰是失败者的生活方式。

我的工作中最令我感到欣慰的是，听到家长们说他们的孩子正走向财务安全、财务独立和财务自由。这些孩子不需要等到20年之后再开始他们的财商教育，这使得我们的工作变得尤其有价值。孩子们有机会在年少时就得到训练，从而获得一定程度的财务安全和财务自由，因此也更有可能获得他们想要的生活。

坚实的财务基础并不能给你的孩子全部的人生答案，基础就是基础。然而，如果有了扎实的财务基础，那么随着孩子们的成长，他们就会找到他们想要的答案，最终过上他们想要的生活。

未来的年轻百万富翁

自从《富爸爸穷爸爸》出版发行以来，越来越多骄傲的家长来找我，并跟我讲一些与下面3个故事类似的故事。每一个故事都讲述了孩子的积极性和创造性，这真令我感到惊喜。

澳大利亚阿得雷德市一位16岁的男孩和我联系并对我说："读完你的书并玩了你的'现金流'游戏后，我购买了我的第一项房产，卖掉其中一部分后，我挣了10万美元。"他的父亲是一位律师，在父亲的帮助下，他在学校的教学大楼里通过手机达成了这项交易。"我妈妈担心我会乱花钱，但我不会的。我知道资产和负债之间的区别，我计划用这 10 万美元买回更多的资产，而不是负债。”

澳大利亚佩斯市一位 19 岁的年轻姑娘在读完我的书后，开始和她的妈妈一起购买出租屋。她对我说：“现在我从房租中挣到的钱已经超过了我在零售店当售货员所挣到的钱。我不打算停下来。当我的朋友们在酒吧喝酒时，我却在寻找更多的投资项目。”

一位 26 岁的单身母亲参加了我在新西兰奥克兰市的签名售书活动。她说：“我一直靠救济金生活，直到我的一位医生朋友送了我一本你写的书，她强烈建议我阅读它。读完之后，我找到那位朋友说‘让我们一起做些事吧’。于是我们就开始行动了。我和她仅预付了 1000 美元定金就买下了她供职的这家诊所，我们分享诊所带给我们的现金流。仅此一笔交易，我便从一个依靠救济金生活的单身母亲变成了一个实现了财务自由的妈妈。今天，我的医生们为我们的诊所工作，而我可以在家里照顾孩子。我的朋友和我都在寻找其他的投资项目，因为我们有时间去做这件事。”

鼓励并保护孩子的创造性

你或许已经注意到，这些年轻人都不害怕通过借债使自己变富。他们不会说：“谨慎行事，不要冒险。”他们没有学会害怕犯错误或害怕失败，而是被鼓励去冒险和学习。当一个孩子被教育得害怕犯错误时，他们的创造性就会被削弱，甚至会被扼杀。当父母说“按我的方式去做”时，同样的事情也会发生。相反，当孩子们被鼓励去独立思考、冒险和寻找自己的答案时，他们的天赋就会显现出来，他们的创造性就能得到鼓励和保护。

我为年轻人的创造力而惊叹，前面的故事正展现了他们的这种创造力。当孩子们年轻时，父母应鼓励他们在财务方面发挥自己的创造性。与其告诉孩子们该做什么，倒不如允许他们利用自己与生俱来的创造性，寻找自己的解决财务困难的方式，并创造他们想要的生活。

最大的风险

从与孩子一起玩“现金流”游戏的父母那里，我最常听到的一句话是：“孩子们总能赢我，他们比成年人学得快。”出现这种情况有多种原因，其中一个原因是孩子们还没学会害怕。他们还年轻，知道假如失败了，还能重新站起来。然而对许多成年人来说，年龄越大，就越害怕失败。

因为我们是通过犯错误来学习的，因此最大的风险就是长久地等待而不敢去犯错误。我的一些朋友在长达 20 年的时间里做同一种事情，而他们中的许多人都陷入了财务困境。他们之所以会身处困境，是因为他们在年轻的时候没有犯过什么错误。现在他们中许多人既没钱也没有时间，而这二者相比，时间比金钱更重要。所以，请鼓励你的孩子在起步阶段就用真钱玩“现金流”游戏，并养成良好的财务学习习惯，这会增加他们的财务知识。因为所有风险中最大的风险就是，不敢在年轻的时候冒险，以及不能从错误中吸取教训。因为你的年龄越大，你犯的错误就会越严重。

第13章
提高孩子财商的其他方式

2000年6月，在亚利桑那州的凤凰城，当地的一位记者采访了我。他是个好人，但似乎疑窦满腹、愤世嫉俗，并且是个个人主义者。我们年纪相仿，家庭背景也相似，他的父亲是波士顿受人敬重的法官，他在那里长大。虽然我们年纪相仿，社会地位和学历背景也很相似，但我们在生活中的财务状况却大相径庭。已经53岁的他几乎没为退休做什么准备。他对我说："我计划退休后写一部巨著。但现在我似乎更需要自由记者这份工作，它能帮我还清抵押贷款，还能维持生计。"

于是我问他："你为什么不开始投资呢？为什么不在凤凰城买几处房地产，然后把时间花在你已胸有成竹的巨著上？"

他的回答是："在凤凰城已经找不到好投资了。10年前还可以，但现在好交易已经没有了，市场太热了。一旦股市崩溃，房地产市场可能会随之崩溃。我认为投资太冒险了。"

听完这席话，我知道他这一生都会纠缠在工作之中。我感觉到他的余生可能都会继续按照他目前的成功方式走下去。我甚至能讲出他常说的话。如果他不停止说这些话，他的人生就不可能改变。

富人的词汇

因为我有两个爸爸，我得以对他们的相似和不同之处加以比较。当我认识到我的两个爸爸虽然都说英语，但实际上所说的并不是同一种语言时，我才 14 岁。他们中一个人用的是学校教师的语言，另一个人讲的则是商人兼投资人的语言。两人都讲英语，但所说的内容却大相径庭。

我对一个人所用的语汇非常敏感。通过倾听他的谈吐，我就能对这个人了解个大概。例如，我有个朋友非常喜欢运动，所以我们谈到运动时，总会有聊不完的话题。然而，如果我问他，“你房子的产权比率①是多少？”他的眼睛就会瞪得很大，虽然这个问题其实很简单。如果换一种说法问同样的问题，他就能理解我说的话了。比如我问“你在多大程度上拥有这处房子了？你认为你的房子值多少钱？”我就能得到答案，而这两个问题与上面的问题实际上是一回事。差别在于，我使用这套通俗语言时他能听懂，而用专业术语，他就听不懂了。这就是这一章的主题：语言的力量。

如果你用简单的词，就没有什么复杂的事了

两个爸爸都教我不要放过任何一个不懂的词语。两个爸爸也都鼓励我中途打断别人的话向对方请教我不明白的词语。例如，在富爸爸律师的办公室里，当律师说一些富爸爸不懂的词语时，富爸爸会平静地说：“请停一下，我不太明白您刚才说的话，请用普通人熟悉的语

---

① 产权比率是指负债总额与所有者权益之间的比率。

言方式解释一下吧。”富爸爸这样做总是理直气壮，尤其是对那些喜欢用华丽词藻的律师。当他的律师说：“甲方……”富爸爸会打断他问：“你在讲哪一方？是穿西装、打领带的一方还是穿着很随便的一方呢？”

穷爸爸说：“许多人以为，如果他们能说没人能懂的专业术语，就能使自己显得比别人更聪明。问题是，他们也许看上去的确聪明些，却无法与别人很好地沟通。”

每当我弄不懂一些财务术语时，富爸爸会说：“如果你用简单的词，就没有什么复杂的事了。”

许多人身陷财务窘境，往往就是因为他们使用了连他们自己都弄不懂的词。一个典型的例子就是资产和负债的定义。富爸爸并没有直接把字典对它们作出的令人费解的定义告诉我，而是给了我一个我能够理解和运用的定义。他简单地说：“资产就是往你口袋里放钱的东西，而负债则是从你口袋里掏钱的东西。”为了进一步强调这两个定义，他补充说：“假如你停止工作，资产会养活你，负债则会吃掉你。”

仔细分析富爸爸所说的定义，你会注意到他使这些定义变得鲜活了起来，而不是一味抽象地按照字面定义去解释。韦氏词典就把“资产”定义为：资产负债表中表明所拥有的财产的账面价值的项目。

当你读完这个定义之后，就不会为如此多的人认为他们的房子是资产而感到吃惊了。首先，大多数人都懒得去翻词典。其次，大多数人倾向于盲目接受他们眼中的专业人士，如银行经理或会计师给出的定义。这些人会告诉他们：“你们的房子是一项资产。”如我所说，当银行经理说你的房子是一项资产时，他并没说谎，只是没告诉你那是谁的资产罢了。我也说过，智力是一种辨别细微差异的能力，因此，对同一概念的多种定义也是一种更好的观察细微差异的方法。第三，假如你能对一个词有亲身的体验，你就能更好地理解它。

当你看到下面的学习四面体时，你就能够明白为什么会有这么多人盲目接受词汇的字面定义。

学习四面体

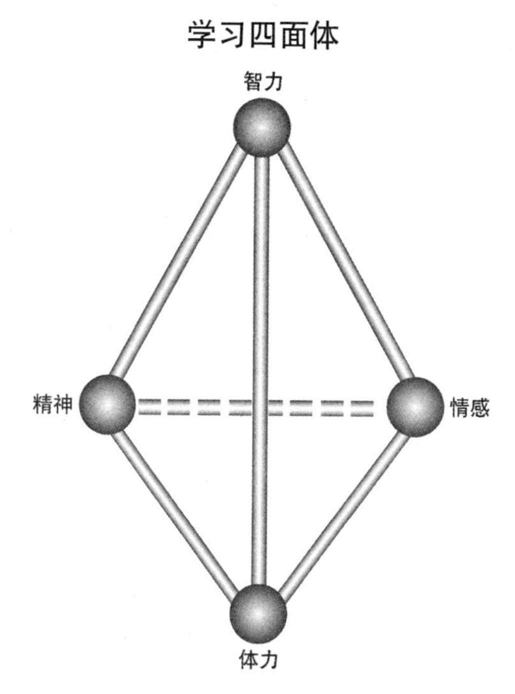

在孩子上小学三年级或大约 9 岁时，大部分现行教育体制会开始对他们进行纯粹的智力教育。积木和玩具被拿走了，孩子们开始了对理论知识的学习。为了加快这个学习过程，孩子们不得不几乎盲目地接受权威人士（如老师）要求他们读或听的内容。在这一点上，这种体制的确是在强调几乎纯粹的智力性的学习。在情感上，孩子们变得害怕犯错误，害怕提问或怀疑。在动手操作方面的学习，也几乎只剩下在体育馆和操场上进行的艺术和体育课了。具有语言天赋的学生会学得很好，而擅长动手学习的学生或艺术感较强的学生就开始落后了。在这个阶段，孩子们被要求只能一味将理性概念当做事实来接受而无需任何实践论证。因此，当银行经理说“你的房子是一项资产”时，大多数人只会点点头接受这个事实而不是去亲自验证。毕竟，这

是我们从 9 岁开始就被教授的学习方式。

名词和动词的力量

富爸爸尽力让我们把每一个生词或概念都和现实生活联系在一起，这就是他给出的资产和负债定义会如此形象、生动的原因。他使用的是“钱”和“口袋”这类我们熟知的词，并赋予它们以动感，如“把钱放入口袋里”。他使用“钱”和“口袋”之类的名词，也用诸如“放”和“掏”之类的动词来进行解释，这些都是我和迈克易于理解的名词和动词。当你花时间教孩子金钱方面的知识时，请务必用些他们能够理解的词。假如你的孩子喜欢亲自动手来学习，那么无论他有几岁，都请你注意使用他能看到、摸到和感觉到的定义。游戏是最好的老师，因为它能让孩子们在学习的财务新词语更直观。

词汇的力量

在本章的开篇，我提到了我与那位记者的谈话。他是个非常开朗的人，我们年纪相仿，与他在一起我感到很快乐。我们分享生活中的共同爱好，可一谈到钱，我们的观点就会起冲突。有两点原因提醒我在和他谈话时一定要慎重，我担心他可能会误解我对金钱的看法。第一，金钱是非常感性的东西。第二，我对报纸的舆论力量非常尊重，报纸可以成就你，也可以毁了你……所以当我和他谈到我在金钱方面的观点时，我说话就会特别小心。

下面是一次采访中的一段谈话记录：

记者：你为什么投资房地产而不是共同基金？

罗伯特：嗯，我都有投资，但我的确在房地产上投入的钱更多。首先，每种投资各有优劣。我喜欢投资房地产的原因之一在于，房地产能够让我在最大的程度上控制何时缴税和缴多少税。

记者：你是说人们应该避税？这不是有点冒险吗？

罗伯特：我不是说避税，我是说房地产使我能最大程度地控制我要缴纳的税。

“避税”和“控制税”这两个说法的意思有很大的不同。我不得不花20分钟的时间来解释“避税”和“控制税”之间的区别。为了解释这两个词的不同，我不仅需要解释针对雇员的税法和针对投资人的税法之间的不同，还要解释针对共同基金的税法和针对房地产的税法之间的不同。交流中的关键问题是，作为雇员，他几乎无力控制税收。也正因为他控制不了，“避免”这个词听上去就有点像“逃避”了，而我们都知道逃税是犯法的。所以当我提及“控制税”时，他听到的则是“逃税”，于是他身上所有的神经都绷紧了，做好了防御准备。就像我在前面已经说过的，“1盎司的认识要用1吨的教育来改变”。在这个例子中，虽然没用到1吨的教育，但我的确花了20分钟艰难地进行解释，才使气氛缓和下来。我不想仅仅因为对两个词的误解，而面临舆论的压力。

接着，采访又回到正题上来：

记者：你的建议行不通啊，我根本买不到房地产，凤凰城的房地产价格太高了。另外，我又怎么能买到一块便宜的房产，拾掇好再把它卖出去？我可没有时间。

罗伯特：嗯，我不买卖房地产，我只是投资房地产。

记者：难道你的意思是说，把一项资产整理好再卖出去挣的利润不是投资?

罗伯特：按广义的投资概念，我想你可以称其为买卖房地产的投资。但在投资领域，那些买下并不打算自己使用或占有的东西的人，通常被称做“交易商”，他们为卖而买。而一位投资人买入资产则通常是为了持有和用该资产获取现金流和资本利得。这是两者之间的细微差别。

记者：难道你不是通过卖出资产来获得资本利得吗?

罗伯特：当然了。一位真正的投资人会竭尽全力获取资本利得，而不是卖出或交易他们的资产。一个投资人的首要目标是买入并持有，再买入并持有，继续买入并持有……一个真正的投资人的首要目标是增加资产，而不是出售资产。他们有时也许会卖掉一些资产，但那不是他们的首要目标。对一个真正的投资人来说，发现一项好的投资要花太多时间，所以宁愿买入并持有。而交易商则是买入并卖出，再买入再卖出，期望每次都能增加他们的现金收入。投资人买入是为了持有，交易商买入是为了卖出。

这位记者坐了一会儿，不停地摇着头。最后他说：“对我而言，这些话听起来有点晦涩难懂。”然后他又回到了正题上并接着问下一个问题。

我的感觉很糟糕，因为我陷入了我一直试图避免的讨论中。我已经尽量使用简单的语言，但我知道事情进行得仍然不顺利。本来我的初衷是要帮他分辨这种细微差异，但现在我只能说我在使事情变得更加令人费解。

记者：你是说你并非寻找已经破损的房产，修缮好之后再把它们卖出去来获得利润?

罗伯特：我或许也会寻找此类资产，尤其是我能买下并持有它们时。但我的回答仍然是“不”，我并不一定要去找已经破损需要修缮的房产。

记者：那你找的是什么？

罗伯特：首先，我会寻找一位急于出手的卖家。因为当人们急于出手某样东西时，他们愿意商议价格。或者我会去银行寻找已经丧失抵押赎取权的资产。

记者：听上去你是在落井下石，这不公平。

罗伯特：听我说，首先，这个人急需出售资产。他对有兴趣的买主非常欢迎。其次，难道你不想处理掉你不再需要的东西，并对它还能换回点钱感到高兴？

记者：可我听起来仍然觉得你是在寻找可以利用的人。否则，你为什么去购买已经丧失抵押赎取权的资产？难道一项丧失了抵押赎取权的资产不意味着它的所有者正陷入严重的经济困境吗？

罗伯特：是的，我能理解你为什么会这么想，从这个角度考虑，你的确可以得出这样的结论。但事实是，银行之所以让这些人的资产丧失抵押赎取权，是因为他们没有信守自己与银行的合约。让他们的资产丧失抵押赎取权的不是我，而是银行。

记者：好的，我明白你所说的。但我仍认为这是富人剥削穷人和弱者的另一种方式。那么在你找到急于出手资产的卖家，或已经丧失了抵押赎取权的资产之后，又会做些什么呢？

罗伯特：我要做的下一件事是，记录数字并看看内部收益率是否理想。

记者：内部收益率？它为什么会这么重要？

在说完“内部收益率”后，我知道我又一次陷入了麻烦。或许我应该说“投资回报率”或“现金的现金回报率”[①]。然而，我意识到无法用这一类语言来说服这位记者，我需要迅速改变说话方式，我需要用富爸爸用过的简单定义，这样我们才能接着聊下去。

罗伯特：我前面已经说过，投资人的目标就是买入并持有。IRR，或者说内部收益率很重要，因为它衡量了我能以多快速度收回我的原始资本，或者说首付款。我希望能快速收回我的原始资本，那样，我就可以用它再购买另一项资产了。

记者：那么债务呢？难道你没兴趣还清债务吗？

谈话进行到这里，我知道采访该结束了。我放弃了说教的想法，只是简单地说这是存在于我头脑中的投资理念，并让他决定如何写这篇报道。

罗伯特：是的，我的目标不是清偿债务，而是增加债务。

记者：增加债务？你怎么会想增加债务？

如我所说，我知道谈到这儿采访就该结束了。当我谈到共同基金可能带来的税收风险时，我们之间的分歧就已经很大了。他不喜欢我这么简单地评价共同基金，因为他把自己退休金账户中所有的钱都放在了共同基金上。我们交流的隔阂在不断拉大，而不是逐渐缩小。此外，谈到与投资有关的话题时，我可以说我们不仅是使用的语言不

---

① 现金的现金回报率：房产的年度现金流与投入该房产的现金（通常是首付和手续费）的比值，以百分比表示。

同，我们简直就是站在对立的两边。

但最后，他写出的那篇报道却准确地传达了我的投资理念，尽管他不同意这些观点。他甚至在文章发表之前将稿子寄给我看以征求我的意见。我给他写了一封感谢信，感谢他的客观，并附上我对文章的赞许。文章写得非常好，我无需作任何改动。但随后他打电话给我，告诉我编辑不同意发表这篇文章，具体原因这位编辑也没有作出明确的解释。

为什么不花钱就能挣到钱

常有人问我："不用花钱能挣钱吗？"而我的回答通常是："是的，金钱只是一种观念，而观念由语言来定义。所以你越能谨慎地选择你使用的词汇，你就有更多的机会去改善你的财务状况。"

我回忆起20世纪80年代听富勒博士演讲的情景。在一次演讲中，富勒首先谈到了语言的力量。他说："语言是人类发明的最有力的工具。"作为一名高中时期曾经英语不及格的学生，我对语言这门课一直持悲观的态度，直到我听了这位大师谈及语言的力量。他的演讲帮助我认识到，富爸爸与穷爸爸之间的差异首先表现在他们所用的语言的差异。我的穷爸爸使用的是学校老师的语言，而富爸爸用的则是企业主和投资人的语言。

致富的第一步

当人们问我该怎么做才能改变他们一生的财务状况时，我说："致富的第一步是，在你的词汇表中加入与财务有关的词汇。换句话说，如果你想致富，请从丰富你的词汇开始。"我告诉他们，英语由

200 万个单词组成，每个人平均只能掌握 5000 个。随后我说："假如你真的想致富，那么请定下学习 1000 个财务词汇的目标，你会比那些不使用这些词汇的人更加富有。"我还会提醒他们："但一定不要只知道这些词的表面定义。调动你的智力、情感、体力和精神因素来理解每一个词。如果你已经掌握你的财务词汇，你的自信心就会增加。"最后我说："你把时间投资在学习词汇上的最大好处是，它是免费的。"

词汇让你用心看到了用眼睛看不到的东西

智力是一种能够辨别细微差异的能力。词汇能帮你辨别出这种差异，让你用心看到用眼睛看不到的东西。例如，资产和负债存在天壤之别，但大多数人去没有注意到这种差异，但这种差异会对一个人一生的财务结果产生巨大影响。

在前几本书中，我提到过 3 种不同的收入类型：劳动收入、被动收入和证券收入。他们都是"收入"，但每种收入之间的差异相当大。当你对孩子说"上学，取得好成绩，找份好工作"时，你是在鼓励孩子为获得劳动收入而工作。劳动收入所带来的最大问题是，它是 3 种收入中缴税最高的，并且你对税收的控制力最弱。富爸爸建议我为被动收入辛勤工作，这部分收入主要来自房地产。它在 3 种收入中纳税最少，并且最具税收控制力。证券收入通常是来自证券资产的收入，被认为是第二好的收入类型。正如你看到的那样，这些词汇在字面上的差别并不大，却能对一个人的财务成绩单带来截然不同的影响。

富人的收入

当你阅读一个人的财务报表时，你很容易看出他把哪种收入看得最重要。下图是引自“现金流”游戏（成人版）的财务报表。

劳动收入
穷爸爸建议我为获得这种类型的收入而努力工作

被动收入和证券收入
富爸爸建议我为获得这种类型的收入而努力工作

职业　　　　玩家姓名

目标：使你的被动收入远多于你的总支出，从而跳出“老鼠赛跑”进入快行道。

损益表

收入
工资：
利息：
红利：
现金流
房地产：
公司：　　现金流

审计员
在你右侧的人

被动收入=
（利息+分红+房地产+公司的现金流）

总收入：

支出
税：
住房抵押贷款：
助学贷款：
购车款：
信用卡还款：
零售付款：
其他支出：
子女抚育费：
银行贷款：

孩子的数量：
（开始游戏时没有孩子）
每个孩子的
抚育费：

总支出：

每月现金流：
（实际收入）

资产负债表

资产
储蓄：
股票/共同基金/银行存单：数量：成本：
房地产：　首付：　成本：
公司：　首付：　成本：

负债
住房抵押贷款：
助学贷款：
购车款：
信用卡：
零售债务：
房地产抵押贷款：
负债（公司）：
银行贷款：

ⓒ 2000现金流技术公司，版权所有

靠工资收入致富太困难，不管你能挣多少钱。如果你想致富，你就要学会如何把劳动收入转化为被动收入或证券收入。这就是富爸爸教我们做的事。

数字进一步定义了差别

在单词后面加上精确的数字后，在你的思想上造成的震撼会更大。如大多数股票投资者知道的那样，市盈率[1]为10的股票和市盈率为15的股票差异巨大。而许多老练的投资者并不仅仅凭市盈率的高低买股票，还需要更多的文字说明和更详细的数据。

下面两个人对同一件事的表述存在巨大的差异。一个人说："我们公司上个月挣了一大笔钱。"另一个人说："我们公司上个月的总收入为50万美元，利润率达到了26%，销售额比前一个月增加了12%，同时运营费用减少了6%。"显然，后一种说法向我提供了更多的信息，使我能够进一步分析该公司是否值得投资。这些详细的信息包含了公司的市盈率，可以减少投资人的投资风险并增加他们赚钱的几率。

交流的力量

拥有大量财务词汇并对数字足够重视，能让你的孩子在人生中获得极好的财务启蒙。我个人认为学校令人厌烦的一个原因就是，我学习的单词没有数字来作说明。我们在英语课上学习如何使用单词，在数学课上学习如何使用数字。二者被割裂开来了，这让我感到厌倦，也看不到它与我的现实生活有什么关系。

当富爸爸教我如何在玩"大富翁"游戏中进行投资时，我获得了全新的词汇，我发现自己喜欢计算。我所做的只是把1美元填在数字栏，但我对语言和数字的兴趣却突然增加了。当孩子们玩"现金流"游戏时，他们学到了全新的财务词汇，与此同时，他们已经不知不觉地开始喜欢数学了。

---

① 市盈率指在一个考察期（通常为12个月）内，股票价格和每股收益的比例，是估计普通股价值的最基本、最重要的指标之一。

穷爸爸把语言和数字的结合称为“交流的力量”。作为一位学者，他对如何使人们交流和什么能使人们进行交流有着极大的兴趣。他观察到，当人们在分享对同一个单词的理解，并兴奋地揣摩单词之间的差异时，彼此间的交流会特别活跃。他对我说：“‘交流’（communication）一词源于‘社区’(community)。当人们有共同语言时，就形成了社区。那些和他们没有共同语言，或对他们的话题稍感兴趣的人就会被这个社区排斥在外。”

今天，我发现人们在谈论计算机时会使用一些诸如“megabyte”“gigabyte”[1]之类的单词，喜欢和了解byte以及知道mega和giga之间的差异是这群人的共同点。如果你不喜欢这些单词，不了解它们的差异，你就不可能成为该群体的一员，这就是语言和数字的力量，它们可以容纳你，也可以排斥你。

对你的孩子进行财务启蒙的一种方式是，开始教你的孩子与金钱有关的词汇，并让他们了解这些单词间的差异。如果你这样做了，他们就很有可能融入理财高手的群体之中。如果他们没有掌握这些词汇并且不理解它们之间的差异，就有可能被排斥在该群体之外。

记住富爸爸的话：“资产和负债之间存在巨大的差异，虽然它们只是两个简单的单词。如果你看不到这两个单词间的差别，那么这种差别就会体现在你的财务报表中，你也就不得不终生辛苦工作。”我也说过：“要确保你的孩子了解资产和负债的区别，他们应该获得良好的财务启蒙。”

---

① megabyte，兆字节；gigabyte，十亿字节；byte，字节，计算机中作为一个单位处理的一系列相邻的位。

第14章
零花钱做什么用

前几天，我看到一位朋友给了他孩子100美元。孩子把钱接过来放进口袋里，然后转过身，什么也没说就走了出去。

我的朋友随后说："你不想说些什么吗？你难道连句'谢谢'都不说？"

这个16岁的男孩转过身问道："谢你什么？"

"给了你100美元。"父亲说。

"这是我的零花钱，"男孩说，"我应得的，而且学校里的其他同学得到的比我的还多。但如果你想让我说'谢谢'，我会说的。谢谢你。"这个男孩把钱往口袋里塞了塞，走出了房门。

今天许多孩子都抱有这种理所当然的心理，这就是个典型的例子。不幸的是，这一切发生得太频繁了。莎伦·莱希特说："父母已经成了孩子们的自动取款机。"

金钱是一种教具

"金钱是一种教具，"富爸爸说，"用它可以训练人们做很多事。

我只需拿着一把美元在空中晃几下，人们就会有反应。就像驯兽师用食物训练动物一样，金钱对人也会产生这种效应。”

“这样看待金钱和教育是不是有点残酷？”我问道，“你让这一切听起来残酷而没有人性。”

“我很高兴听到你这么说，”富爸爸说，“我是故意让这一切听起来残酷而没有人性的。”

“为什么？”我问。

“因为我想让你意识到金钱是一把双刃剑，我想向你展示金钱的力量，还想让你了解这种力量并尊重它。如果你尊重它，你在拥有金钱的时候就不会滥用金钱的力量。”

“为什么说金钱是一把双刃剑呢？”我问。我已经17岁，正在念高中二年级。多年来，富爸爸一直在教我如何获得、留住和投资金钱。现在他正开始教我关于金钱的新知识。

富爸爸从口袋里掏出一枚硬币。他拿着这枚硬币说：“每一枚硬币都有两面，记住这句话。”他把硬币放回口袋后，说道：“让我们到商业区去。”

10分钟后，富爸爸找到了一个停车位，并往停车场收费箱中放了一些钱。“快5点了，我们得抓紧时间。”

“抓紧时间做什么？”我说。

“快点，你会看见的。”富爸爸一边看着马路的两侧一边说，然后带着我匆忙穿过了马路。

穿过这条街后，他和我站在那儿看着路旁一排整齐的零售商店。突然，就在5点钟，商店开始关门了，顾客忙着最后结账，店员开始走出店门并对店主说“晚安，明天见”。

“看到我所说的了吗？”富爸爸说。

我没有回答。我已经明白了富爸爸想教我的这堂课，可我不喜欢这堂课。

“现在你是不是明白了我所说的‘金钱是一种教具’这句话的含义？”富爸爸问道。此刻我们正从刚关了门的商店门前走过。安静而荒凉的街道让人感觉冰冷而空旷，富爸爸有时会停下来，往他感兴趣的橱窗里张望。

我仍然保持沉默。

在返程的车里，富爸爸又问我：“你明白了吗？”

“明白了，”我答道，“你是说每天起床上班是件很糟糕的事？”

“不，我并没有评价任何事情的好与坏，我只想让你知道金钱的巨大力量以及金钱为什么是教具。”

“那你解释一下什么是教具吧。”我说。

富爸爸想了好一会儿，终于开口说道：“在钱出现之前，人类游牧、狩猎，依靠土地和大海生存。上帝和大自然几乎提供了我们生存所需要的所有东西。但随着人类文明程度的提高，交易商品和服务变得很不方便，金钱因此变得越来越重要。今天，那些有能力控制金钱的人比仍在交易商品和服务的人更有力量。换句话说，钱接手了这场游戏。”

“你说‘钱接手了这场游戏’是什么意思？”

“大约在几百年前，人类还不需要金钱来生存。大自然会为你提供一切。你想吃菜，可以自己种；想吃肉，可以到森林里去打猎。而今天，人们的生活已经离不开钱了。显然，在城里一居室的公寓中或郊区的院子里以种菜维生实在太难了。你不可能用番茄支付电子账单，政府也不可能接受你打来的鹿肉作为税款。”

“就是因为人们需要钱来交换生活必需的商品和服务，你才会说钱已接手了游戏。金钱和生活已密不可分。”

富爸爸点点头说：“在今天这个世界，没钱是很难生存的，每个人要生存下去都离不开钱。”

“这就是你说金钱是教具的原因。”我平静地说，“因为金钱已经与每个人的生存联系在了一起，如果你有钱，就能让人们去做他们可能不想做的事，比如每天早起上班。”

“或者是努力学习以便你能找到一份好工作。”富爸爸笑着加了一句。

“难道受过良好培训和教育的工人对我们的社会不重要吗？”我问。

“非常重要。”富爸爸说，“学校培养了医生、工程师、警察、消防员、秘书、美容师、飞行员、士兵，以及打造文明社会所需的其他专业人士。我并不是说学校不重要，我希望你们能继续读大学，即使你们并不想这样。我只想让你们明白金钱是如何成为一种强有力的教具的。”

“现在我明白了。”我说。

“有一天你会成为富人，”富爸爸说，“我想让你认识到当你获得金钱时，你将拥有什么样的力量和责任。你不要用自己的财富让人们继续对金钱俯首称臣，而是要帮助人们成为金钱的主人。”

“就像你教我的那样。”我说。

富爸爸点点头：“我们的文明社会越依赖金钱，金钱控制我们灵魂的力量就会越大。就像你可以用狗粮教狗变得听话一样，你也可以用钱教人们终生驯服并努力工作。太多为钱努力工作的人的目标仅仅是为了生存，而不是为了提供有益于我们的文明社会发展的商品和服务。这就是金钱作为一种教具的力量。这种力量有好的一面，也有坏的一面。”

钱可以教孩子些什么

我很想知道有多少孩子认为他们理所当然得到零花钱，我知道不是所有的孩子都这么认为，但我注意到越来越多的孩子都持有这种态度。我还注意到，许多父母都用钱来减轻自己的内疚心理，因为他们整日忙于工作，于是一些人就想用钱来代替爱和关心。我还注意到，凡是请得起全职保姆的父母都会为孩子请一个。越来越多的拥有自己公司的单身母亲会带着孩子上班，暑假时尤其如此。可仍有很多孩子被独自一人留在家里，他们被称为“挂钥匙的孩子”。在他们从学校回到家后的几个小时里，没有人去过问，因为父母还在工作——为了维持生计而努力工作。正如富爸爸所说：“钱是一种教具。”

交换的重要性

父母能教孩子的有关金钱的重要一课是“交换”的概念。“交换”一词对富爸爸而言非常重要。他会说：“你能得到任何你想要的东西，只要你愿意用有价值的东西来交换。换句话说，你给予的越多，得到的也就越多。”

许多人都曾请求我去做他们的导师。几年前，一位年轻人打电话问是否能和我一起共进午餐，我刚开始拒绝了，但这个年轻人很固执，最后我勉强同意了。午餐结束时，年轻人问我：“我可以请你做我的导师吗？”我谢绝了，但他用比坚持请我出来吃午餐还坚决的口气请求我答应他。

最后我问他：“如果我同意，你希望我这个导师做些什么？”

他答道：“我想让你带我参加你的会议，每星期至少花 4 小时教我如何投资房地产。我想让你把你所知道的一切教给我。”

我思考了一会儿他提出的要求，然后说：“那你准备给我什么作为交换呢？”

年轻人听到这个问题犹豫了一下，然后直了直身子，绽开他极富魅力的笑容说："噢，什么也没有。我一无所有，因此我请你来教我，正像你的富爸爸教你那样，你也没付给他什么，不是吗？"

我有些吃惊地靠在椅子上，盯着这个年轻人说："你想让我花时间免费教你我所知道的东西。你是想要这个吗？"

"对，当然。"年轻人说，"你又能希望我做什么呢？付给你我还没有挣到的钱？如果我有钱，就不用再向别人请教了。我只希望你能教我些东西，教我致富。"

我的脸上重新露出了笑容，坐在富爸爸桌子对面的情景浮现在我的脑海里。这一次我坐在了富爸爸的位置上，有机会按富爸爸教我的方式来教他。我站起来说："谢谢你的午餐，但我的回答是'不行'。我对做你的导师没有兴趣。不过我正在教你非常重要的一课。假如你从这堂课中学到了该学的东西，你将来会成为你想成为的富人。把这堂课弄明白了，你就能找到你想要的答案。"服务员拿着账单走了过来，我指着那个年轻人说："他埋单。"

"但答案是什么呢？"年轻人问，"告诉我，给我答案。"

一周 10 次邀请

常有人请我做他的导师。我注意到这些邀请的共同之处是，他们几乎都没有使用最重要的商业词汇，那就是"交换"。换句话说，你想得到什么，就应该考虑拿什么来交换。

假如你已经读过了《富爸爸穷爸爸》，你会记得富爸爸拿走我每小时 10 美分的工钱让我无偿为他工作的故事。对一个 9 岁的男孩来说，无偿工作是很有效的一课，它一直都在影响我的生活。富爸爸拿走我每小时 10 美分的工钱并不残酷，他这样做是为了教我成为富人的最重要的一课——"交换"。正如富爸爸所说，"钱是一种教具"，他同时也是在说，缺钱也能成为一种有力的教具。

在我上了“无偿工作”这堂课多年以后，我问富爸爸，如果我不同意免费为他工作，他是否还愿意教我。他的回答是：“不会，绝对不会。当你要求我教你时，我想了解你是否愿意给我一些东西来交换。如果你不愿意拿些东西作为交换的话，那么我对你的拒绝就是你要上的第一课。那些希望什么也不付出就得到的人，通常在现实生活中什么也得不到。”

在《富爸爸投资指南》这本书中，我提到当我请求彼得 · 林奇做我的导师时发生的小故事。彼得最后同意了我的请求，但他要求我做的第一件事就是自费去南美洲为他调查一座金矿。这是另一个有关交换的好例子。如果我不同意去南美洲，或要求他支付我的差旅费，我相信彼得永远都不会答应做我的导师的。这也证明了我想向他学习的坚定决心。

课程背后的课程

对于阅读本书的大多数人来说，“交换”这一课很容易理解。但这一课背后还隐藏了另外一堂课，这就是富爸爸拿走我那每小时 10 美分的工钱之后教给我的课程。这是大多数人都不曾上过的一课，而对于想要致富的人来说，这是极为重要的一课。在你的孩子幼年时教他们这堂课极为重要。

许多富人上过这堂课，尤其是白手起家挣得财富的人。可大多数辛苦工作的人并不知道这堂课。

富爸爸对我说：“大多数人不富裕的原因是，他们被教导去找一份工作。但假如你只想找一份工作的话，致富几乎是不可能的。”富爸爸继续解释说：“如果人们找到我并问‘我为你做这份工作，你会付给我多少钱’，那么，这么想和说的人可能永远都不会富有。假如你四处寻找能付你钱的人，你永远无望致富。”

在《富爸爸穷爸爸》中，富爸爸拿走我每小时 10 美分工钱的事仅仅是这套图书中的一个故事，但正是书中的这个故事使富爸爸“交换”这一课背后隐藏的真正的课程显现了出来。无偿为他工作之后，我开始从不同的角度看问题，我开始寻找商业和投资的机会而不仅仅是一份工作。我的大脑正在被训练去看别人看不到的东西。自从我得到了富爸爸商店里将被扔掉的漫画书，我就开始学到了富爸爸成为富人的一个最大秘诀。这个秘诀就是，不要为钱工作，不要期望从工作中挣钱。富爸爸随后对我说：“大多数人无法致富的原因是，他们已被训练出一种思维方式，它教他们为自己所做的工作索要报酬。假如你想致富，就需要去思考你能为多少人提供服务，这才是富人的思维方式。”当我停止为每小时 10 美分的工钱工作时，我就打消了向富爸爸索要报酬的念头，并开始寻找为更多人服务的方式。一旦我开始用这种方式思考，我就开始按照富爸爸的思维模式来看世界了。

一天只有那么多个小时

今天，大多数年轻人上学以获得一项技能以便日后能找到一份工作。我们知道一天只有 24 个小时。如果我们按小时或其他测算时间的方式出卖劳动力，我们在一天中所拥有的时间是有限的。而有限的时间又限制了我们所能获得的财富。例如，如果一个人每小时挣 50 美元，一天工作 8 个小时，那么他每天最多能挣 400 美元，如果他每周工作 5 天，那么每周最多挣 2000 美元，一个月就可以挣 8000 美元。这个人增加收入的唯一方式就是延长工作时间。美国健康、教育和福利部的统计结果显示，每 100 位 65 岁的人中仅有 1 位是富人，我认为这是其中一个原因。大多数人被训练出了靠工作挣得工资的思维方式，而不是去思考自己能为多少人服务。富爸爸常说：“你服务的人越多，你就会越富有。”

许多人都被培养成了只为一个雇主或一定数量的顾客服务的雇员。富爸爸说：“我之所以会成为商人，是因为我想为尽可能多的人服务。”他常会画下面这张现金流象限图以强调他的观点。

（引自《富爸爸财务自由之路》）

他会指着左侧的象限说：“这边是靠体力劳动获得成功的。”然后又指着右侧的象限说：“在这边成功需要懂得让钱为你工作。”他继续说道：“从事体力劳动和让钱为你工作之间差异巨大。”换句话说，你耗费体力工作，或者让你的钱或系统为你工作，这二者之间存在极大的差异。富爸爸还说：“我干的体力活越少，我能服务的人就越多，作为交换，我挣到的钱就越多。”

我写《富爸爸穷爸爸》的最初目的是想找到为尽可能多的人服务的方式，我也知道如果我这样做，就能挣到更多的钱。在写这本书之前，我亲自教授同样的课程，挣到了上千美元的学费。虽然我挣了不少钱，可我只能为少数人服务，而且非常辛苦，几乎心力交瘁。当我意识到我需要为更多的人服务时，我才明白我应该写书而不仅仅是讲课。

今天，同样的课程你只需要花不到20美元就能获得。我为几百万人服务，虽然工作更少了，可我挣的钱却更多了。所以多年前拿走我每小时10美分的工资这堂课仍然在影响着我。因为在富爸爸的致富课程背后隐藏了另一种课程，那就是要为尽可能多的人服务。就像他说的那样："大多数人离开学校之后都去寻找高薪的工作，而不是去寻找为尽可能多的人服务的方法。"

（对富爸爸教我如何为尽可能多的人服务这一课感兴趣的读者，可在《富爸爸投资指南》中找到这一课。这堂课在B-I三角形中教授，这种构造有助于指导人们提出想法并把这些想法变成价值几百万美元的企业，以便为更多的人服务。许多人都有能使我们的世界变得更加美好的伟大创意，但问题是，大多数人在离开学校时都没有学到可以将这些创意变成现实的必备技能。富爸爸不是让我们去找一份工作，而是教我们建立为尽可能多的人服务的公司。他说："如果你建立了能为几百万人服务的公司，作为对你努力的交换，你将成为百万富翁。如果你为上亿人服务，你将成为亿万富翁。这是个最简单不过的交换。"这也是《富爸爸投资指南》讲的内容，即建立一个有可能为几百万人，甚至上亿人服务的企业，而不是只为一个雇主或少数顾客服务。富爸爸说过："你可以通过嫁给有钱人致富，也可以通过吝啬、贪婪和诈骗致富。但致富最好的方式是慷慨，我所遇到的一些最富的人都很慷慨。他们没有考虑自己该得到多少，而是考虑能为多少人服务。"）

我该付给孩子多少钱

我常被问到下列问题：

“我该给孩子多少零花钱？”

“我是否应该停止为孩子们所做的任何事情付钱？”

“如果孩子取得好成绩，我就给他们钱。你赞成这种做法吗？”

“我是否该告诉孩子不要在商场工作？”

对此类问题我通常的回答是：“如何补偿孩子取决于你。每个孩子都不一样，每个家庭也各不相同。”我只想提醒你记住富爸爸的课程并牢记金钱是一种很有力的教具。如果你的孩子希望不付出什么就得到钱，那么他们今后的生活可能就将一事无成。如果你的孩子仅为得到零花钱而学习，那么如果你不为他的学习付钱时，会发生什么事呢？关键是在使用金钱作为教具时要小心谨慎。因为虽然钱是一种很有力的教具，但对你的孩子来说，还有更多需要学习的东西。课程背后的课程更加重要，其中之一就是关于服务的课程。

慈善在家中开始

我的父母都是非常慷慨的人，但他们和富爸爸的慷慨方式不一样。作为夏威夷州教育厅厅长，爸爸下班回家后，会跟孩子们一块儿吃晚饭，一个星期里有 2 ~ 3 次会去参加家长教师联谊会。我记得当我还是个孩子时，晚饭后站在厨房窗户前向爸爸挥手，望着他开车离去。他在按自己的方式为尽可能多的家庭服务。有很多次他都要开车到 160 千米以外的地方开会，直到很晚才回来，他可能只有在早上才看得到并问候他自己的孩子们。

妈妈经常带着我们去教堂参加义卖面包和捐赠物品的活动。她非常愿意奉献她的时间并要求她的孩子们也这么做。作为一名注册护士，她也定期为美国红十字会工作。我记得在海啸和火山爆发的大灾难中，她和爸爸一连好多天都没进过家门，一直在帮助那些需要帮助的人。当他们有机会参加肯尼迪总统的和平队时，他们立即报名参加了，就算这使他们的工资急剧减少也在所不惜。

富爸爸和他的妻子有许多观点都和我父母差不多。他的妻子在女性俱乐部里异常活跃，常为一些有意义的事情捐钱。富爸爸定期向教堂和各种慈善机构捐款，并资助了两个非营利性机构的董事会。

我从这两对父母身上认识到，无论你是社会活动家还是资本家，慈善都应从家中开始。假如你想让孩子变富，就教他们为尽可能多的人服务吧，这样的课程是无价的。正如富爸爸所说："你服务的人越多，你就越富有。"

第三部分
发现孩子的天赋

我的富爸爸强烈建议我和他的儿子通过为尽可能多的人服务来致富。他说："如果你脑子里只想着怎样为自己挣钱，你会发现自己很难富起来。如果你欺骗、贪婪，给予别人的少于他们付出的，你也会发现自己很难富起来。通过以上方式你能获取财富，但是得到这些财富的代价太昂贵了。如果你在发展自己的事业时，首先致力于为尽可能多的人服务，让他们的生活变得更加舒适美好，那么你将得到无尽的财富和欢乐。"

我聪明的穷爸爸坚信每一个孩子都是天才，即使是在学校没有取得好成绩的孩子也不例外。他不相信天才就是只会坐在教室里顺利回答出每个问题的人，他也不相信天才是某个比别人聪明的人。他坚信我们每一个人都有某种与生俱来的天赋……当一个人幸运地发现了自己的天赋，并且找到了利用这种天赋的方法时，他就成了一个天才。

富爸爸为了让有关天才的课程变得更有趣，会给我们讲一个故事。他说："在你们每个人来到人世时，都得到了一种要奉献出来的天赋。问题是，没有人告诉你你有这样的天赋，在你终于发现了它之后，也没有人告诉你究竟该怎样利用它。在你出生以后，你的职责就是找到你的天赋，并且把它奉献出来——奉献给每一个人。如果你这么做了，你的生活将会充满魔力。”

他还会把“天才”（genius）写成 GENI-IN-US。

然后接着讲他的故事：“天才就是找到了自己身体里的小精灵的人。就像阿拉丁找到了神灯里的精灵一样，我们每个人也要找到自己身体里的精灵。这也是‘天才’这个词的来由。天才是发现了自己身体里充满魔力的小精灵的人，是找到了上帝赐给他的天赋的人。”

我聪明的穷爸爸还会提出这样的忠告：“当你找到你的小精灵时，它会让你在 3 个愿望中选择 1 个。你的小精灵会说：‘第一个愿望是：你愿意把你的天赋奉献给自己吗？第二个愿望是：你愿意把你的天赋送给你爱的人和周围的人吗？第三个愿望是：你愿意把你的天赋奉献给每一个人吗？’”

显然，这堂课是为了让我们选择第三个愿望。我的聪明爸爸最后总会这么说：“这个世界上到处都是天才，我们每一个人都是天才。问题是，我们中的大部分人把我们的精灵牢牢地锁在了神灯里。也有很多人选择把自己的天赋用在自己身上，或者送给自己所爱的人。只有当我们选择第三个愿望时，小精灵才会从身体里面钻出来。只有当我们选择把自己的天赋奉献给每一个人的时候，奇迹才会发生。”

我的两个爸爸都相信奉献的魔力。一个爸爸致力于建立为尽可能多的人服务的企业；另外一个爸爸致力于帮我们找到与生俱来的天赋，找到我们身体里的精灵，把它的魔力释放出来。

那时我还是个孩子，两个爸爸的话对我的影响都很大。他们的故事给了我生活、学习和奉献的理由。虽然它们听起来似乎有些可笑，但是对于一个 9 岁的小男孩来说，我坚信我的身体里的确有一个小精灵，我也相信魔力，直到现在我仍然相信。不然的话，一个差点因为不会写作而辍学的孩子怎么能写出畅销全球的书呢？

本书的最后一部分旨在帮你发现孩子的天赋。

第15章 如何发现孩子与生俱来的天赋

我们每个人几乎都会被问到："你是哪个星座？"

如果你是天秤座，你就会说："我是天秤座，你呢？"

我们中大多数人都知道自己的星座，就像都知道有4个主要的星相：土、风、水、火。同时也知道共有12个星座：处女、天蝎、巨蟹、摩羯、水瓶、白羊、双子、金牛、狮子、射手、双鱼和天秤。不过，除非我们是星相专家，否则我们中大部分人都不可能知道所有这12个星座的性格特点。可我们通常都知道自己星座的性格特点，或者还知道几个别的星座。例如，我是白羊座，我的很多行为与星座命盘中对白羊座的人的描述很吻合。我的妻子是水瓶座，她也具备这个星座的普遍特征。知道我们之间的不同有助于我们相处，因为我们都能更好地了解彼此。

很少有人认识到，人与人之间不仅存在着性格上的差异，还存在着学习方式的不同。现行教育体制让许多人感到痛苦的一个原因是，它仅仅适合一部分人的学习特点。这就好比我们专门为火相星座的人量身定做了一个学校系统，却搞不懂为什么水相、风相、土相星座的人会讨厌学校。

如果你想发现属于自己的独一无二的学习方式和你的天赋的话，读了本章所阐述的不同的学习方式后，你就能发现孩子的、甚至是你自己的学习方式。

本章还解释了为什么许多在学校学习成绩很好的人，在现实世界中却并不得志，或者恰恰相反。

不同的青蛙有不同的泳姿

我们中大多数人都听过这句话："不同的青蛙有不同的泳姿。"我对这句话也非常赞同。

我 5 岁时，我们一家人和邻居家一起到一个著名的海滩游玩。某个瞬间我猛地一抬头，看见我的朋友威利正在水中拼命挣扎。他掉进深水里了，因为不会游泳，眼看着就快要被淹死了。我拼命地大喊大叫，终于引起了一个高中生的注意，于是他跳进水里救了威利。

在这次差点出了人命的事故之后，两个家庭决定所有的孩子都应该接受正规的游泳训练。很快，我就开始去公共游泳池学习游泳，可我讨厌这样做。待不了多久，我就会跑出池子，躲进更衣室，因为我学不会正规的游泳姿势，害怕被教练大声训斥。从那时起，我就恨透了淡水游泳池中漂白粉的味道。

几年后，我在大海中学会了游泳，因为我喜欢叉鱼还有捉龙虾。12 岁时，我开始身体冲浪，继而在帆板上冲浪，但我仍然不会用正规的泳姿游泳。

而威利呢，却学会了像一条鱼似的游泳，而且他很快就参加了夏威夷的游泳比赛。高中时，他参加了州游泳锦标赛。虽然没有拿到名次，但这个故事却告诉了大家他是如何从差点溺水身亡的事故中吸取教训，并将它转化为爱好的。他的事故促使我家把我强制性地送进游泳班，可我只学会了讨厌游泳池，并且永远不愿学习正规的泳姿。

当我去纽约上学时，我们被要求跳入游泳池中参加游泳测试，我没有通过测试。虽然我会叉鱼、潜泳，还能在冬天的大海浪上冲浪，但是我的游泳课成绩却没有及格，只因为我不会正规的泳姿。我记得我曾给家里写信，并向朋友们解释我正在上游泳课是因为我游泳测试不及格。这些朋友多年来一直和我一起在夏威夷最危险的海域里冲浪。

好在我终于学会了在淡水池子里用正规的狗刨姿势和自由泳姿势游泳。在那之前，我一直都是用蛙泳和侧踢腿的侧泳相结合的方法游泳的，这种泳姿说不上优美，而且也没被游泳教练放在眼里。

问题的关键是，尽管我不会在淡水池子里按正规泳姿游泳，但我却能够在大海里，甚至是波涛汹涌的海面上，自由自在地游泳。我仍不是个游泳健将，但在海洋里感觉非常自在。我知道很多在游泳池中能用标准姿势游泳的人都惧怕风高浪急的大海、激流、海潮、回头浪和大浪。正像那句谚语所说："不同的青蛙有不同的泳姿。"

不同的学习方式

刚才讨论的重点并不是我缺乏游泳天分，而是要说明我们的学习方式各不相同，做的事情也不一样。虽然现在我可以按正规的姿势游泳了，但是我发现自己还是更喜欢自己的泳姿。我从未像我的朋友威利那样参加过游泳比赛，更没有指望用我引以为傲的泳姿去得奖，但我一直在用自己的方式做事——我想我们大多数人都是这样做的，我们知道自己该做什么，更愿意按照自己喜欢的方式做事。你们的孩子在学习方面也是一样的。

如何发现孩子的天赋

要发现孩子的天赋，你首先要了解他们喜欢怎样的学习方式，以及他们为什么要学这些东西。例如，我不学游泳是因为我不想学，或者我学游泳是因为我想冲浪。如果不是为了冲浪，我对学游泳毫无兴趣，强迫我去学只会让我更讨厌游泳。我不是和其他孩子一起在浅水池里开始学游泳，而是直接跳进深水里学习生存。同样的事情还有学习阅读财务报表。我并不是因为想成为会计师而学习会计，我学习基础的会计知识是因为我想致富。如果你认为我的泳姿很丑，那你最好再看看我的账目表。

穷爸爸意识到我不是个学术天才，所以他鼓励我去寻找适合自己的学习方式。他没有强迫我遵循传统的学习方式，而是鼓励我“跳进深水里，为我的人生努力向前游”。他这样做并不是残忍，他只是认识到适合我的学习方式才是最好的学习方式，他想让我按我能学得最好的方式学习。就像我的泳姿不漂亮一样，我学习的方式也不漂亮。

其他人按更传统的方式学习。许多人去学校上学，他们喜欢教室，喜欢按照预先安排好的课程表上课。许多人乐于知道，在课程结束时，他们会得到一份奖励。他们也乐于知道，如果努力学习，就能通过考试或拿到学位。他们喜欢结束一项工作后得到确定的奖励。就像我的朋友威利游泳很好是因为他喜欢游泳一样，许多人在学校里表现很好是因为他们喜欢学校。

人们在生活中取得成功的关键是找到他们能学得最好的学习方式，并确信他们生活的环境允许他们按这种方式学习。问题是，找到最适合我们的学习方式以及与生俱来的天赋是件可遇不可求的事，许多人从来没有找到他们的天赋。当他们走出校门找到工作后，由于家庭或财务方面的原因，就会中断这一自我探寻的过程。如何发现一个人独特的学习方式和其独一无二的天赋，这个问题至今也没有明确的答案。

科尔比指数

我曾在和一个朋友聊天时向她解释我讨厌坐办公室的原因。我对她说，虽然我有好几栋办公大楼，可我从没有一间正式的办公室，“我讨厌被锁在房间里。”我说。

我的朋友笑着说：“你测过科尔比指数吗？”

“没有，”我答道，“那是什么东西？”

“是一种可以测出你与生俱来的学习方式或工作方式的工具。它还可以测出你的天性，或者天赋。”

“我从未听说过这种指数，但我已经做了很多类似的测试。”我说，“我发现那些测试很有用，但不知它是不是与我以前用过的测试工具类似？是不是也为了发现更多关于星座的东西？”

“噢，没错儿，是有一些相似之处，”我的朋友说，“但是也有一些不同，科尔比指数能测出其他测试不能测出的东西。”

“是什么？”我问。

“我已经说过了，它能测出你的天赋和你与生俱来的学习方式。它也能告诉你，你将来会做什么、不会做什么，而不是你能做什么或不能做什么。”我的朋友答道，“科尔比指数会测出你的天性，而不是你的智力或性格。科尔比指数能告诉你其他测试无法告诉你的一些特性——因为它测试的是你是谁，而不是你认为你是谁。”

“天性？”我说，“这对我有什么帮助呢？”我几乎急不可耐地想参加这个测试了。

“先了解个大概，随后我们再细谈它。事实上，凯西·科尔比——该指数的发明者，就住在凤凰城。你做完测试以后，我可以安排你们两个见面。你可以自己去看一看她的测试工具是否和我所说的一样。”

“那我怎么参加测试呢？”我问。

“到她的网站就可以参加测试了。我想大概会花你 50 美元，以及几分钟的时间回答 36 个问题。”她答道。

“我什么时候能得到结果？”

“立刻，”我的朋友说，“你一答完题，就可以得到结果，我还会安排你和凯西见面。她并不常见客人，但她跟我是朋友，我会告诉她你也是我的朋友。”

我同意了。几分钟后，我得到了科尔比指数，结果见下图。

我发现这个结果很有趣，但因为知道要和指数的发明者一道吃午饭，我决定等等，先听她怎么说。

3 天后，我和凯西共进午餐。看了我的指数后，她说：“你喜欢冒险，它让你精力充沛，对吧？”

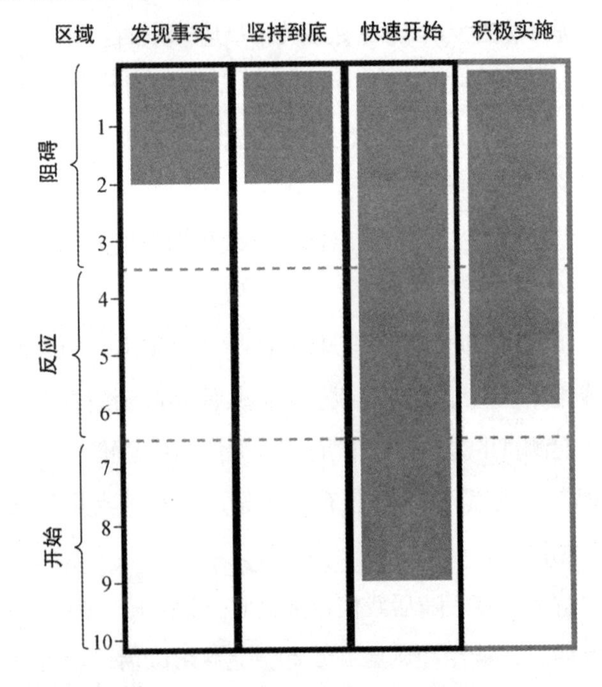

我呵呵地笑了起来，凯西的声音听上去可爱、充满善意。她在讲这句话时，带着理解和诚恳。我几乎可以肯定她知道我是谁，尽管我们是初次见面。“为什么这么说呢？”我问。

“你的优势与天分吻合，这就告诉了我你的工作方式。对你而言，是‘快速开始’和‘积极实施’线条促使你采取行动。”她笑着说，“从图中我能看出你会本能地去寻求冒险。你天生爱冒险，对吗？”

我点了点头。

“你是否有过身陷险境的经历呢？”

“有，很多次，尤其是我在越南时。你为什么问这个？”

“你在这种情况下感到兴奋吗？”她问，“在这种情况下，你是不是觉得自己的天性被完全调动起来应对危险了？”

“是的，我喜欢在战斗中飞行。”我答道，“那让我感到既兴奋又悲壮。但我真的很喜欢这种感觉，一旦回到和平时期，我在飞行中就再也找不到那种感觉了。”

“的确是这样，”她说。“从习以为常的军旅生活过渡到回家后的平凡生活是不是让你难以适应？”她问，“你退役回家后是不是遇到了麻烦？”

“是的，”我说，“你怎么知道？”

“我知道是因为你有能力同时处理好许多事情。”她优雅地说，“它告诉我你不按程序办事。你的‘快速开始’和‘积极实施’结果表明你喜欢冒险，并且在紧急的状况中会感到兴奋，所以你在越南时会很顺利。但你会发现和平时期的军旅生活太死板、太机械，你需要刺激。如果得不到足够的刺激，你就会去创造刺激。你之所以会身陷麻烦之中，是因为你会经常和那些试图让你规规矩矩地遵守规定的权威人物发生冲突。”

“你能读懂掌纹吗？”我问。随后我问她是不是我的朋友告诉了她一些关于我的事情。我有点怀疑，因为凯西几乎对我了如指掌，而我们才刚刚认识。

她说：“没有，我对你一无所知。当我向某人解释测试结果时，我宁愿对他一无所知。我相信我的指数的准确性，我宁可相信指数而不愿听信别人对某个人的描述，或我脑海中对这些话的记忆。”凯西继续说道，她之所以愿意和我见面仅仅是因为她的朋友请她来，而且她发现与那些真诚地想进一步了解她的工作的人一起分享她的工作是件很快乐的事。在午餐结束时，我们对彼此都已经了解了很多，凯西开始和我深入地探讨科尔比指数对我做出的解释。她指着我的图表说：“假如你今天还在学校，你一定会被贴上‘多动症’、‘注意力不集中’的标签，可能还会被迫服药以使你安静下来。”

“你认同这种治疗方式吗？”我问她。

“不，这并不适合大多数孩子，”她说，“我认为，给孩子服药并给他们贴上双重的负面标签对他们与生俱来的能力和自尊是极大的伤害。它掠夺了孩子们应有的自豪感。如果你在小时候被迫服了药，你可能永远都无法发现自己的人生道路，也写不出畅销书。你或许永远都得不到你现在已经取得的成功。”

“另一方面，也许没什么东西能让你屈服，”凯西继续说，“就是说，在今天的教育体制里，你可能会被认为是问题学生，是有缺陷的学生。但这并不意味着你不能学习，而是说你无法按学校通常教我们的方法学习。你很幸运，因为你爸爸了解这一点。”她说：“我知道你把你那位做教师的爸爸称为‘穷爸爸’，但他的确在很多方面使你的生活更充实。从许多方面来说，你的成功都得益于你的穷爸爸。他很明智地让你向富爸爸学习，并鼓励你按自己能学得最好的方式学习，即使它就像你所说的那样，并不是很漂亮的学习方式。”

我点了点头说：“它确实不是很漂亮。”停顿片刻后，我问：“那你是如何定义成功的？”

凯西笑着说：“我把成功定义为‘做真正的自己的自由’。这也是你爸爸为你做的。他尊重你并给了你做真正的自己的自由。”

“许多人都会掉入试图成为他们的父母或社会所希望的人的陷阱。我并不认为这是真正的成功——不论他们成为多么富有或多么有权势的人。作为一个人，我们很自然地应该有自由去寻找我们是谁。如果不与强迫我们违反天性的人或事斗争，我们就会失去自尊，并且浪费了我们的天赋。”

“对，”我说，“如果我沿着我爸爸的老路走下去，我永远都不会成功。高中时，我是个圈外人。我跟老师和同学都合不来。”

“但我打赌你喜欢幼儿园。”凯西微笑着说。

“是的，”我答道，“你怎么知道？”

凯西又指了指我的测试表说：“对于那些‘积极实施’线条很长的人来说，比如你，幼儿园是最棒的地方。‘积极实施’的人会不由自主地去触摸和创造些什么，你的‘快速开始’线条把你带入全新事物的体验中，‘坚持到底’线条并不长。你还没有进行全面测试，但这个结果已经能够说明很多，不是吗？”

我点点头说：“是的，很能说明问题。今天我仍然喜欢创造新东西，比如开发新产品。我喜欢房地产是因为我可以看到、摸到、感觉到我的投资。我总是告诉人们我不会停止玩‘大富翁’，我爱玩。”

凯西笑着指了指表中的“坚持到底”部分：“但是从一年级到三年级，和你的‘坚持到底’线条不同的孩子会过得很顺利。”

“为什么他们会过得顺利？”我问，“为什么一个跟我具有不同的‘坚持到底’线条的人会在一年级到三年级过得比较顺利呢？”我现在对这位女士的知识非常感兴趣。

“因为在这几年中，积木和玩具开始消失，服从命令和整齐划一被列入了日程表。具有长长的‘坚持到底’线条的人会很容易做到服从命令和整齐划一。到了三年级，所有具备‘积极实施’特长的人才会被赶出教室。”

“服从命令和整齐划一？”我说，“它们跟教育有什么关系？”

凯西又笑了笑说：“我可以通过你的‘坚持到底’线条来判断，服从命令和保持整齐不是你的强项。”

“没错儿，它们不是。但是那会影响我在学校的表现吗？”我问。

“噢，一定会，”凯西说，“我敢打赌你在一年级没有上学前班和幼儿园时开心。”

“的确是这样，”我说，“一年级时，我开始打架，而在幼儿园里，我则更喜欢玩玩具或者在热闹的体育馆里玩。可上一年级时，因为爱打架，老师们开始叫我‘问题儿童’。”

“这就是他们拿走了玩具和积木的后果。”她答道，“没有玩具的男孩经常会打其他男孩子。”

“我要说在我待过的学校里的确是这么回事。”我说，“但是为什么具有很长的‘坚持到底’线条的人能在这个时期过得很好呢？”

“因为孩子在这一发展阶段被要求整齐划一和服从命令，那时你得坐在整齐排列的课桌前，而不是坐在地板上或围着桌子坐成一圈。老师不鼓励你随手涂鸦，而是开始强调整齐的书法和漂亮的字体。他们希望你能一行行地写而不是在整张纸上随意地写。老师们通常会喜欢穿得干干净净的女孩子和听话、不打闹的男孩子。我想你绝不是那种穿得干干净净去见老师的男孩子，对吗？”凯西狡黠地问。

“的确，我不是。我觉得在去学校的路上正好能穿过那条街真是件好事，因为我总能把自己弄得满身是泥而被送回家。我总能找到滑入或掉入泥坑的办法。”

“你那时就开始感到学校有什么不同吗？”凯西问。

“一年级时还没有，但我记得到三年级时，我就开始感觉到一些不同了，”我答道，“我注意到有些孩子成了老师的宠儿。在我三年级的那个班里，有一个女孩和一个男孩最后成了高中时的领袖人物。最后他们结了婚，每个人都知道他们从三年级起就是学校里的明星。他们长相出众、聪明、衣着整洁、受欢迎并且是好学生。”

“听上去学校就像是为他们特制的。那他们后来怎么样了？”凯西问，“他们找到他们想要的成功了吗？”

“我也不太清楚，我猜他们成功了。那他们从没离开过我们长大的城市。他们在社区中很受尊重，并且像以前一样受欢迎。所以我想他们找到了他们想要的成功。”

“对他们来说，生活的确一帆风顺。似乎他们已通过他们的生活、婚姻而拥有了成为真正的自己的自由。”凯西说。

“三年级以后会发生什么事？”我问，“是‘神奇的9岁’吗？”

“从四年级起，有长长的‘发现事实’线条的人开始在这一体制中应付自如。从四年级到高中毕业的教育体制是为擅长‘发现事实’的人而设计的。一些孩子自觉把注意力瞄准了姓名、地点和日期。他们的方法受到了奖励，课堂很适合这些孩子。”凯西说。

凯西继续解释说，从9岁起，学生被一系列的“寻找错误”行动所衡量。他们参加拼写考试，记忆大量的图表，读已经读过的书目，并通过回忆里面的内容证明自己已经读过它们了。

我告诉了她鲁道夫·斯坦纳的“9岁的变化”理论，以及会有多少老师知道一个孩子是否能在教育体制中取得成功。我说：“我在9岁时就知道，我不会成为这个体制中耀眼的明星。他们把我的玩具拿走了。”

凯西笑了："是的，一个像你一样有着'积极实施'需要的人会怀念玩具。拥有'发现事实'天才的人会简化而不是记忆复杂的事实和数字，这时你会感到很沮丧。所以你的'快速开始'能力就会发挥作用，你会试图寻找所有的你特有的方式，以避免被认为是学校里的笨蛋。"

"老师不管这些，"我说，"所以许多孩子在学校里被过早地贴上了'聪明'、'愚笨'或'捣蛋鬼'的标签。"

凯西表情有些悲伤地点了点头："大多数学校教师具有较强的'发现事实'或'坚持到底'方面的天分。他们倾向于认为与自己天分类似的人是聪明的。当然，智力与这并没有什么关系。教师们对于天分的价值常常视而不见。他们的才能可以在学校里施展，所以他们没有想过要改变它。这个教育体制是他们天然的家，他们希望它维持原状。"

"所以教育体制仍然只是继续关注一种学习方式，并不断地寻找为什么孩子不好好学习的细微差异。这就是我们竟然鉴定出种类如此繁多的学习障碍的原因。"凯西总结道。

"这是很不明智的，"我说道，"我们并没有学习障碍，只有把我们教成具有学习障碍的人的古老的教育体制。我恨那儿！"我愤愤不平。

"但是你喜欢学习，对吗？"凯西问。

"我喜欢学习，我参加研讨班、读书，并且一直听磁带。当我发现新的、令人兴奋的学习内容时，我真的会很激动。我很高兴学习你一直在研究的东西，"我说，"但由于某些原因，我恨学校。但是如果我恨学校的话，你又怎么能说我爱学习呢？"

凯西指了指我的科尔比测试结果，问道："看到这个了吗？"

在"可能的职业路径"的标题下面，列着如下内容：

你为自己创造机会，这些机会可能并不是你计划内的，或者说你并没有把它作为你要达到的特定目标。因为你的成就感来自克服障碍和解决难题，所以你需要置身于激发你创造力的环境中。你能同时处理好几件事，并且对周围的环境感觉非常敏锐，所以不管你做什么，都不要禁锢自己的智力和体力。

“开拓者”与其说是一种职业名称，倒不如说是一种工作模式，它是你解决问题和在工作中发挥才能的基本方式。如果你被允许运用与生俱来的优势，你将会获得成功。下面列出的并不是你必然的职业途径，但它们是科尔比公司研究发现的能较好发挥“开拓者”天分的部分职业：

演员
原创艺术的手工艺者
环境保护者
物理学家
餐厅老板
特技演员
探险家
体育推广者
选择性教育学家
模型设计师
房地产开发商
心理医生
发明家
新产品的开发者
影视特效制作
电视制片人
广告陈列员
特教学校的老师

凯西指着“选择性教育学家”说：“我碰到的走上这种职业路径的人通常都是很积极的学习者，只不过他们的才能在传统的教育体制中被埋没了。”

“的确如此。”我答道，“我定期参加研讨班，我之所以参加研讨班而不是去大学进修，是因为我不需要完成课程后得到的学位和证书。我只想获得我想要的知识。”

“这些可选择的职业路径，你会考虑多少种？”凯西问。

我看了一会儿这个表后说：“除了心理医生和餐厅老板之外，我都喜欢。”

“为什么？”凯西问。

“我在这些领域已经有了太多的体验。在越南我见了太多的血和伤，而富爸爸拥有好几家餐厅。我能很容易地成为坚定的环境保护者，并已经拥有选择性教育的教育公司快10年了。我喜欢教学。今天，我仍在设计模型，增加资产并发明东西、申请专利。事实上，我热爱开发新产品，也很喜欢广告行业，喜欢制作电视广告。所以我说你的表里已列满了我感兴趣的事或已做过的事情。”

我静静地坐了一会儿，思考了一下我和凯西谈及的内容。我很兴奋因为我爱学习，我很高兴今天找到了自己不适合学校的原因。我又看了看科尔比指数的结果，并问道：“所以那些在三年级以后，或大约9岁以后在学校成绩很好的孩子，是那些在‘发现事实’和‘坚持到底’方面很强的人，对吗？”

“是的，”凯西说，“因此你会在学校里遇到麻烦，因为他们拿走了积木和玩具，你不再能通过玩来学习。你可能身在教室，心却早就飞出了窗外。”

“是的，”我说，“我烦透了，我受够了参加考试。我简直是迫不及待地想要毕业，想要赶快进入现实世界。”

“这就是‘快速开始’在你身上的体现”，凯西说，“因为你的精力用在了‘快速开始’和‘积极实施’上面，你总会发现快速建立有形事物的窍门。例如你的游戏、你的书和你的企业。这是你之所以会生产尼龙钱包——正如你告诉我的那样——以及建立许多使你走向成功的项目的原因。你天生就是一位具有开拓精神的企业家。”

“你为什么说我具有开拓精神？”我问。

“这是你的指数结果告诉我的。你的‘积极实施’才能体现了实事求是的实际操作能力，你的‘快速开始’才能使你在冒险时兴奋起来。你不是传统意义上的只知道建立企业和开发产品的普通企业家，你有率先进入新领域的动力。”

“所以我总是很难向周围的人解释清楚我手头上在做的事，因为在时间上我常会超前很多年。”我加了一句，“我总在创造市场上还不存在的产品。”

“是的，”凯西又指着图表[①]说，“‘快速开始’的着眼点是未来，‘发现事实’的着眼点是过去，‘积极实施’关注现在，而‘坚持到底’结合了过去、现在和未来。你总是着眼于未来，建立和开发面向未来的企业和产品，你总是走在时代前面。”

适用于各种行为模式的人的关键概念

概念	发现事实	坚持到底	快速开始	积极实施
时间段	过去	结合过去、现在和未来	未来	现在
利用时间	根据经验和专业技能估计做某事需要多长时间；把事件放在历史的角度衡量	把事件按顺序排好并使其具有连续性，制定进度表，按部就班控制事情的节奏并与他人合拍	事先预见和提前处理事情。通过预见可能发生的事关注未来，预见变化	固守现在，希望此刻能永久。创造耐用的高质量产品
交流方式	书面语言	图表	讲话	道具、模型和示范

① 从该图表中，你可以了解到科尔比测试结果之间的差异。凯西·科尔比在她的说明手册中，对该图表提供了30页的说明，详细解释了这些差异。——作者注

续表

概念	发现事实	坚持到底	快速开始	积极实施
储存信息	按重要性	按字母顺序	按颜色	按质量
学习需要	通过读相关书籍了解过去是怎么做的	学习与公式有关的理论	怀着激进的思想进行试验和创新	用模型或样板工作
实现目标	• 通过专业技能 • 制定详细计划 • 比较选项	• 结合制度 • 出现最糟糕的情况 • 确保具有质量意识	• 紧迫感和最短期限 • 可视目标 • 寻求违背或然性的解决方法	• 需要有长远价值的坚定、明确的目标。 • 使用最好的材料和技术。

“这就是我那么容易跟擅长‘发现事实’的人起争执的原因。”我说，“他们想要的是事实和数字，但我给不了他们这些东西，因为未来还没来到。”

凯西点了点头，笑着说：“不错，我要说的是凡有你这种行为模式的人一定会和有‘发现事实’或‘坚持到底’行为模式的人发生冲突。这可以解释为什么你在学校会遇到麻烦，因为大多数老师提倡‘发现事实’式的解释和‘坚持到底’原则，而这两者都是你天生就抵触的。”

“你知道，你的指数对我越来越有意义了。我真的很尊重我的大多数老师，但我也知道自己与他们‘志不同’，”我说，“现在我还知道我们甚至‘道不合’。”

凯西笑了起来：“最近我在我的培训班里听到一个笑话。问题是，你把到处都是擅长‘发现事实’的人的机构叫做什么？答案是‘大学’。”

我呵呵地笑了起来，又加上一句：“那么你把擅长‘快速开始’和‘积极实施’的人云集的地方叫做什么？答案是‘幼儿园’。”

凯西笑着说：“或者是一家网络公司。”

我不禁大笑起来。“这就是那么多的网络公司会倒闭的原因，”我说，“大多数的网络公司由一个没有任何基础、知识、资金或经验的‘快速开始’的人领导，而且他们极度缺乏‘坚持到底’的决心。我之所以知道这一点，是因为当我开始在现实世界中创业时也是这个样子，这也是导致我的第一家公司倒闭的原因。我们有个好公司，但我们 3 个人全都只擅长‘快速开始’，而不能‘坚持到底’。当我刚建立起公司时，它充满活力并迅速发展，但是很快就倒闭了。我们没有事实、数字或者不能‘坚持到底’。”

“这就是我要和企业一起工作的原因，”凯西说，“既然你在这方面经验丰富又勤于思考，你认为那些主导素质是‘发现事实’和‘坚持到底’的人怎么样？”

“我喜欢他们，”我说，“没有他们，我将无法生存。”

“我的看法也一样，”凯西说，“我们需要尊重每一个人带到这个世界上的天分和才能，为了任何一类人都能生存下去，就需要划分所有这 4 种模式的比例。我们不应该歧视某一类人，而是要取长补短。我敢打赌你讨厌老师认为具备‘发现事实’才能的孩子聪明，却认为像你这样的‘快速开始’的孩子不够聪明。”

“讨厌它？我认为它简直侮辱和贬低了我的人格。”

“那么你在愤怒之下会干些什么？”凯西问。

“我会跑出去，按我自己的方式随便做点什么。我想证明自己是聪明的，”我说，“我讨厌被贴上‘蠢笨’的标签，并且被别人认定不太可能成功。我讨厌老师说‘罗伯特有很大的潜力，但他不争气。要是他能管住自己好好学习该多好’！”

“所以他们越想约束你，你要成功的决心就越大？”凯西问，“你把这种愤怒转化为实现你终生目标的动力？”

“是的，我已经做得很好了，”我有点得意地说，“我写出了畅销书，而那些英语成绩总得‘A’的孩子们至今也没写出一本来。我挣的钱比大多数成绩好的孩子都要多。”此刻，我神气得就像开屏的孔雀一样。在压抑了多年的愤怒和挫败感之后，我终于长舒了一口气。

“所以你把你的愤怒转化为寻找个人成功之路的动力？你找到了成为你自己的自由了吗？”凯西优雅地笑着问道。

“是的，”我扬扬得意地说，“我走我自己的路，实现了我想要的生活，正按自己期望的方式来生活。我不想找工作，不想由任何人告诉我我能挣多少钱，也不想被关在办公室里。”

“祝贺你，”凯西说，“你已经实现了成功，你成功是因为你已经获得了成为你自己的自由。”

我靠向椅背，沉浸在她的祝福中，我郁积多年的、学校给我带来的挫败感也烟消云散。“我从未从这个角度思考过我的成功，”我说，“我的意思是，我从未意识到我的愤怒和挫败感竟给我带来这么大的成功。”

“很好，”凯西说，“你知道许多人定义的成功与你有很大不同吗？你能理解那些需要去寻找职业保障，并在安稳的环境中感到开心的人吗？甚至有车有房就能让他们很满足了。”

“是的，我能理解。”我答道，“我的父母对这样的生活就很满意。他们按自己的方式取得了成功。我只知道他们的路不适合我。所以，我明白了生活真的是‘不同的青蛙有不同的泳姿’。”

“既然现在你更成熟也更有见地了，那么你会不会反而更欣赏其他类型的人呢？我是说，你欣赏你办公室里那些具有较强‘坚持到底’或‘发现事实’特质的人吗？”

“现在的确比之前更欣赏他们了，”我答道，“我爱这些家伙。没有他们，我做不了我想做的事；没有他们，我也不可能成功。”

凯西笑着说：“我很高兴听到你有这样的变化。”她停顿了一会儿，整理了一下思路，然后小心地问道：“你认为今天你能和你的学校老师相处得更融洽吗？即使是那些伤害过你或曾与你发生争执的老师？”

“嗯，我不知道自己能不能做得很好。”我不假思索地答道。

“你知道这是教育体制的问题，而不是老师的问题。可老师应该因为你的遭遇而受到责怪吗？”凯西询问道。

我点头：“是的，我知道，所以我仍不喜欢它。我也能认识到老师只是在尽力完成体制交给他们的工作。”

“那么让我告诉你为什么你会如此愤怒，”凯西说，“我认为你生气是因为这个体制曾试图扼杀你的天赋，强迫你成为你不想成为的那种天才类型。”

“你是说我的天赋体现在‘快速开始’？你这么说是因为我好动吗？”

“是的，但我现在所说的天赋是你在‘发现事实’方面的天赋。”

“‘发现事实’？”我惊奇地问，“‘发现事实’是我的弱项。我怎么会在‘发现事实’方面有天赋？”

“你的每一项天赋后面都隐藏着一种天赋。甚至在‘发现事实’方面。”凯西一边说，一边从小册子中抽出了一页纸。

每种行动模式中的积极力量

行动通道	行动模式			
	发现事实	坚持到底	快速开始	积极实施
阻止	简化	适应	稳定	想象
反应	精练	重新安排	改正	创新
开始	证明	组织	即兴而动	建设

指着“发现事实”下面的“简化”一词，她说：“在‘发现事实’项下，这就是你的天赋。你的天赋就是抓住事实并简化它们。我认为，你的书能写得如此之好，原因就在于你抓住了一个复杂的主题，例如有关金钱的主题，并把它简化了。”

我开始有点明白了：“其实这也是富爸爸的做事方式，他喜欢把复杂的事情简单化。”

凯西接着又指向“发现事实”项下的“证明”一词：“这是你穷爸爸的天赋。他能在学校和在学术环境中取得成功，是因为他拥有发现事实和数字的天赋。我敢打赌你的穷爸爸在收集数据、做研究、寻找特殊性和制定目标方面都很在行。在‘发现事实’项下，他所具有的天赋与你不同，这也可以解释为什么他在学校里做起事来得心应手而你却不行。”

“在所有的4个项目中，我们都各有一种天赋。”我轻声地说，同时开始更理解凯西的工作了。

凯西点点头。“我已经定义了12种不同的天赋类型，我们每个人都有4种不同的天赋，每个项目下一个。”

“12种不同的天赋……我们每人拥有4种。所以说，我们最好组成团队去行动，因为每个人都擅长解决不同的问题。你在工作中也发现了吗？”我问。

凯西又点了点头：“你对这些图表了解得越多，你就能发现你与你周围人的越多的不同。通过更好地了解彼此，我们就会尊重彼此的不同之处，从而更加和谐地工作和生活。组成一个团队进行工作比你独立工作效率更高，所以我喜欢通过建立一支高效的团队来开展工作。在差异中找到乐趣——不论是在办公室还是在家里。”

“这是你的天赋或才能，”我说，“你想让人们互相尊重彼此的天赋或才能，并一起合作。那么你的强项是什么呢？”

“我的‘快速开始’和‘坚持到底’两项最强。因此我能用图表解释问题。在我对我的指数系统满意并认为它有效之前，我需要把全部的人类行为才能纳入该指数系统中。然后我需要我团队中具备‘发现事实’才能的人做他们最擅长的事。他们的才能极为重要，因为它们和我的只会简化的才能可以相互补充。和你一样，我的‘发现事实’能力也较弱。与你不同的是，我把我的工作移入了带有运算法则的软件系统，该系统能产生格式化的图表底线。最令人欣慰的是，我发挥了自己天生的创造才能去帮助他人找到最适合自己的职业，并实现了个人满足感。但我无法事必躬亲，尤其是在竞争如此激烈的世界，要想拥有成功的企业，需要团队合作和所有的 12 种天赋。我真的不知道一个独断专行的企业领导人怎么能成功，他最多拥有 4 种天赋。所以，我做这份工作一方面是希望人们和企业能更高效，另一方面也是想保护每个人在团队里的尊严。在一个团队里，每个人都很重要。”

“祝贺你，”我说，“你的人生也同样成功，而且你也找到了做真正的自己的自由。”

凯西笑着点了点头，“现在让我们更仔细地看一下你在‘快速开始’项中的天赋。”

每种行动模式中的积极力量

行动通道	行动模式			
	发现事实	坚持到底	快速开始	积极实施
阻止	简化	适应	稳定	想象
反应	精练	重新安排	改正	创新
开始	证明	组织	即兴而动	建设

“在‘快速开始’项目下，你的天赋是‘即兴而动’，这说明你

的天性是去冒险、创造变化、发起试验、寻找挑战、寻求革新，反对陈规陋习，按直觉行事。”

听凯西讲我的性格倾向时，我觉得有点不好意思：“你把这些称做我的天赋？我总以为我的这些做法有些疯狂。”

“不要低估了这种能力。一个团队或组织需要你的天赋。当其他人还只是坐着观望或者没完没了地讨论、组成委员会却什么也不做时，你已经迅速开始行动了。所以采取行动、冒险和反对陈规陋习是你天赋中的重要部分。”

“我真希望我的老师能听到这些话，”我平静地说，“他们可不把这看成是天赋。他们给它起了别的名字。”

凯西笑了笑并继续说：“你的穷爸爸可能不是个仓促行事的人。他首先要了解事实，显然不会像你那么冲动，也不那么雄心勃勃。他收集事实，不会制造混乱也不会在危机降临时掌控局面。他循规蹈矩，从不做出格的事情。”

“不错，那就是他，”我说，“所以他在学校很顺利并最终成为州教育系统的领导。”

凯西点点头：“你的天赋在于，一旦你有了某种创意，就会像耐克的广告词一样，‘Just do it’。你的‘快速开始’和‘积极实施’天赋使你能迅速把一种创意变成产品、公司或钱，你有炼金士的本领。我敢说你能从一无所有中挣到钱。当然，长长的‘快速开始’线条能把破布变成财富。”

我点点头：“我能这么做，我在有了一种想法后就会立刻付诸行动。许多次我都是仓促行事，不过这是我的学习方式。我会一头扎进深海里，哪怕会溺水，但等我挺过来之后，我会变得更聪明，因为我通过实践学到了本领。我学习的方式几乎与我们学骑自行车的方式一模一样。因为我在实践中学习，所以当人们问我是怎样做到的，我有点答不上来。我之所以回答不上来是因为我是用身体而不是用头脑去学习的。这就像你试图告诉别人怎么骑自行车却不让他亲自去骑一样。我发现许多需要事实、害怕冒险的人常常什么也做不成，因为他们害怕通过身体来学习。他们把时间花在了用头脑学习而不是行动上。”

“一些像你爸爸一样擅长‘发现事实’的人可能会陷入我们通常所说的‘分析麻痹症’的泥沼中，”凯西说，“你进入一座陌生的城市后，可能会瞎逛好几天，而你的爸爸却会首先买张地图并阅读城市旅游手册。你知道这有多大不同吗？”

“是的，我知道。我爸爸在做任何事前总要先研究事实。我不喜欢研究，只管乱闯，然后陷入麻烦，之后才会做本应该早做的研究。”

“这就是你的学习方式，也是你变得聪明的方式。你爸爸很明智地认识到了这一点。”

“正因为这个，他和我只在一起玩过几次高尔夫球，”我说，“我爸爸会测算每一个击球点，永远都要计算风速还有球台到球洞的距离，还会测算草地的斜度甚至草的倒向。而我，则是走过去，直接击球，然后才分析我哪儿错了。”

“你喜欢团队运动项目吗？”凯西问。

“是的，你怎么知道？我喜欢橄榄球，大学时我是球队队长。但我不喜欢要我一个人做完所有事情的运动。”

“我之所以这么说，是因为对你而言，要想取得成功就必须在你周围组成一个团队。正是这种愿望和倾向使你能够尊重具有不同才能的人。有时，拥有长长的‘发现事实’和‘快速开始’线条的人总相信他们能做所有的事。他们会分清轻重缓急，热切地投入并努力实现计划。他们善于启动一件事，但需要更多的理由和很长的时间接受你认为可以轻易做成的事。”

“噢，这倒挺有意思的。”我回应道，“我身边许多成功的朋友都认为他们的自制力相当强。所以他们一定有着较长的‘快速开始’和‘发现事实’线条。而我则是通过组成团队来帮助自己的。”

“这是你智慧中的重要组成部分。这也是你喜欢团队运动项目而不喜欢打高尔夫球的原因，”凯西继续说，“认识到你身边需要一个团队，你会比那些试图自己控制一切的人更容易建立较大的企业。虽然，‘快速开始’和‘发现事实’两种能力相结合的人倾向于挑战更多的可预见的风险（见下图），而你倾向于以身犯险。这就是你不想坐在办公室里的原因。”

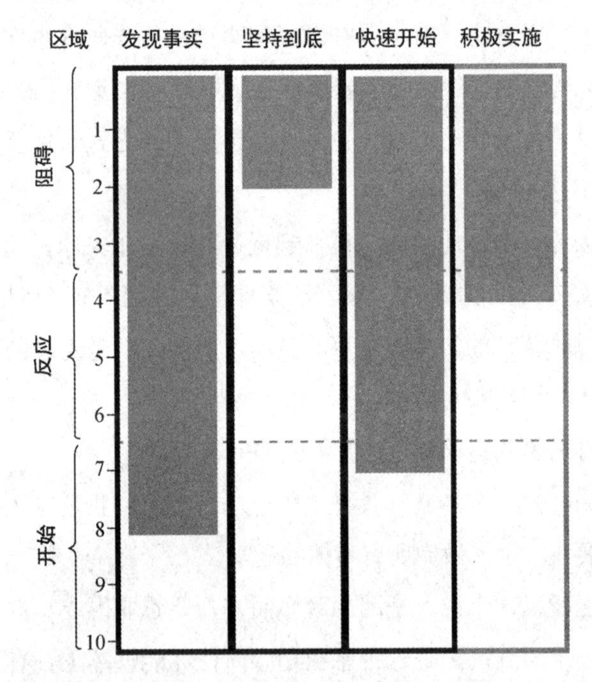

“太有意思了，”我说，“我自己一个人做事会感到力不从心，我喜欢有许多人帮助我做事。”

“这也许还是你在学校里不能取得好成绩的原因。你需要整个团队一起想出个好答案——但老师会说这是作弊。”

我大笑起来并问道："你确信在班里你不会落在我后面？"

"不会的。我的班里有很多你这样的人，在教室里你不会做得多么出色，但在团体运动或其他需要一个团队共同去做的事情中，你会表现得很好，我确信你不会独自一人参加人生这场考试。"

"因此我在学校里总和聪明孩子坐在一起，在我工作时也同样需要他们加入到我的团队中来。富爸爸总说'企业就是一种团体运动项目'，所以他身边总有一个由非常聪明的人组成的团队帮助他理财。"

"你们一样聪明，只不过他们的聪明体现在'发现事实'上。当这种才能和你的才能加在一起，你就差不多揭晓谜底了，你们相互帮助，最终解开了谜团。12 种天赋结合在一起会无往不胜，"她说，"当然，它还能把合适的天赋用在恰当的地方来解决特殊问题。"

"所以，我爸爸为财务问题所困，是因为他想独自行动，而富爸爸却是采用团体作战的方式。我的穷爸爸利用他在学校所学独自参加考试，富爸爸则和他的团队一起参加财务考试，因此在现实世界中才会有这么大的差异。"

凯西一个劲儿地点头："使天赋正确结合，你就会成功，任何人都无法胜过它们。"我们午餐的时间已结束了，我们都希望能再次见面。分别时，我问她：

"你有专门针对孩子的科尔比指数吗？"

她一脸兴奋地说："很高兴听到你这么问。是的，我们已经设计了这种工具，具有 5 年级以上阅读水平的孩子就可以使用。事实上，我已有了一个与你做的 A 指数类似的青少年指数，还有一个我称之为'思考—练习'的产品。它们将帮助孩子们学会信任自己的天赋并好好利用这种天赋。"

"孩子们要是知道他们的学习优势，并且能发现他们的天赋就太好了，"我说，"越早越好，这样可以避免在长年摸索中浪费时间。"

“这正是我从事这项工作的原因。”凯西边说边上了车，并向我挥手再见。

凯西·科尔比是谁

1985年，凯西·科尔比被《时代》杂志评选为美国7位“年度风云人物”之一，并称她是“新开拓者——具有丰富的想象力、大无畏的精神、旺盛的精力，以及钢铁般的意志”。她被授予“美国最杰出的小企业主”奖，并被白宫评选为具有“勇于开拓”精神的50位美国人之一。她在世界各地开研讨班和讲座。她的畅销书包括《意动联结》和《真正的天性》。凯西深受其父亲E.F.温德利克——温德利克个人测试法发明者的影响。她满怀深情地谈及她的父亲，但同时也明白她所做的与她父亲所做的是不同的事情。他用他的认知工具发明了个人测试法，而她从不相信这种智商测试能发现真正的天赋或与生俱来的能力。在父亲的鼓励下，她利用从父亲那里学到的测试法方面的专业知识，开发更新了新一代的测试方法。

假如你想更多地了解凯西·科尔比和她的产品，请访问www.richdad.com/kolbe，那里有更多的信息。凯西的研究机构是个充满乐趣的地方。我个人认为这份工作与我从事的工作有许多共通之处——都带给了学生更多的尊严和尊重。她是少数认可我的观点的人，我们都认为每个人都具有天赋或天分，只不过有些不被教育体制认可罢了。在今天这个信息时代，她的信息新鲜并且发人深省。

在我们的网站www.richdad.com/kolbe中已提到了分别针对成年人和儿童的科尔比指数，如果你想知道自己的情况或你的孩子的情况，可以进入我们的网站。青年人指数被称为“科尔比Y指数”，它将从如下3方面分析孩子的基本情况：

你怎样才能最好的完成学业?

你怎样才能玩得最开心?

你怎样才能更好地与人交往?

在我仔细观察我的科尔比测试结果后，我发现它在很大程度上帮我从内心深处认识到了自己是谁。它立刻告诉了我，我为什么会被学校老师贴上“不可教”或“愚笨”的标签。如果我在小时候就进行了科尔比测试，就可以避免或者至少能更好地理解我在学校里遇到的许多问题。我希望你也能发现它同样有用。

第 16 章 成功是做真正的自己的自由

当我还是个孩子时，老师常说："你要接受良好的教育，这样你才能找到一份好工作。"

另一方面，富爸爸则画出了现金流象限图。他没有让我去找一份工作，这将会把我限制在 E 象限——雇员象限，他转而向我提供选择象限的机会。

当我在学校里遇到麻烦时，穷爸爸给了我寻找适合自己的学习方式的自由。

更多的选择给你更多成功的机会

本章的要点在于，在当今世界，我们拥有更多的选择。每当出现一种新兴产业，如航空业或计算机产业时，我们的职业和兴趣选择的机会就增加了。今天，成长中的孩子们所面临的问题是，太多选择反而使他们无所适从。但是，我们拥有的选择越多，成功的机会就越大。

如果父母想剥夺孩子们选择的权利，那只会导致家庭出现问题。作为家长，如果你总说"不要这么做""不要那么做"，你的孩子就有可能偏要做你不让他们做的事，或许他们已经做过了。

当我还是个孩子时，我的父母从不限制我的选择，而是向我提供更多的选择。这不是说当我出格时，他们也不会约束我，而是说我的两个爸爸都在向我提供更多的选择，而不是一味地限制我该做什么和不该做什么。

所以本章希望向家长提供更多的能向孩子提供的选择，从而使孩子能最终找到自己的成功之路。正如凯西·科尔比所说："成功是做真正的自己的自由。"

你长大后想成为什么人

富爸爸不是简单地告诉我"上学，找一份工作"，而是向我提供更多的选择。下面是《富爸爸财务自由之路》中讲到的现金流象限图：

向那些尚未读过该书的人解释一下：

E代表雇员

S代表自由职业者或小企业主

B 代表大企业主

I 代表投资人

获得这种选择后，我发现我更能控制自己的命运和我想学的东西了。沿着这条路，我也发现税法在不同的象限是不同的，这一事实帮助我看清了我未来要走的路。作为成年人，我想我们都很清楚，税是我们一生中最大的开支。不幸的是，E 象限和 S 象限要承担的纳税比例更大。

谈到孩子，你也许更想给他们自由选择象限的权利，而不是简单地说："上学去，这样你才能找份好工作。"

因为我有选择的权利，我知道最适合我学习的课程是引领我进入B象限和I象限的课程，我还知道那两个象限是我长大后最想进入的。今天，无论我们是在 E 象限、S 象限，还是 B 象限，我们都需要成为投资人，或者说在 I 象限挣钱。希望你不要再指望政府或你的公司在你退休后负责你的余生。

选择和结果

我的富爸爸给我的财务启蒙，帮我了解财务报表中的选择和结果。

当你看到所有的财务报表时，你就会明白这种教育有多么重要。

通过做致富家庭作业，我和迈克很快认识到，我们每收到 1 美元，就意味着面临一次选择，而这一选择的结果会出现在支出栏中。我们也认识到，每当我们挣到或花掉 1 美元时，都会产生涟漪效应，或者说是那种行为的结果。拿出 1 美元去买像汽车那样的负债，我们知道长期的结果是我们将变得更穷，而不是更富。

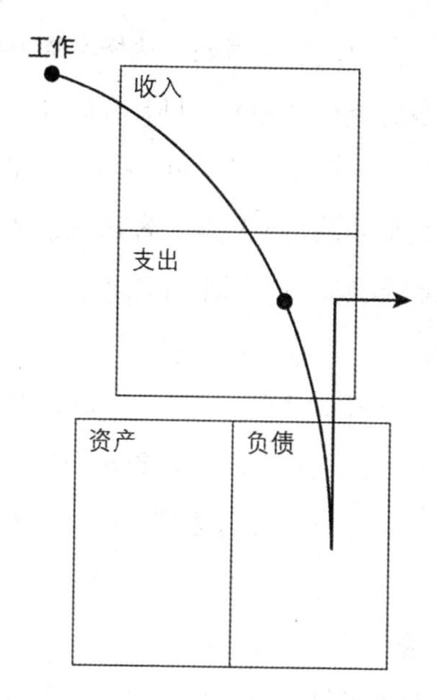

通过作出是否支出的决定，或类似下图的选择，长期的结果将会有很大不同。

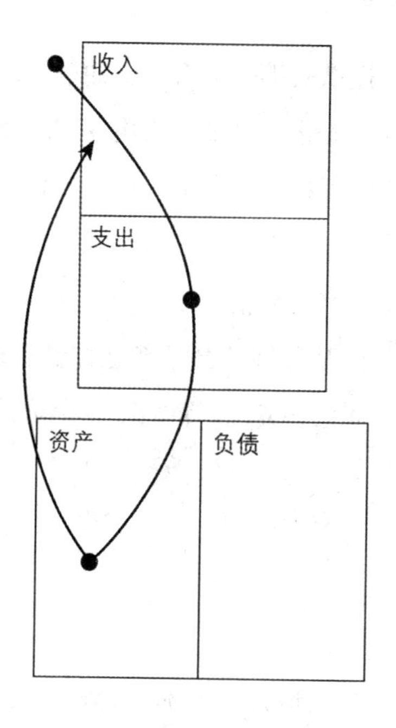

虽然只是小孩子，但我们能看到，选择投资于资产会产生长期效应。我和迈克在9岁时就已经知道，只有我们自己才具有控制我们财务命运的力量，这是别人做不到的。我们知道，如果我们做出了类似第二种财务报表中所显示的财务选择，那么无论是否有一份好工作或受过好的教育，我们都会富有。我们知道我们的财务成功并不是学业成功的结果。

托马斯·斯坦利是《邻家的百万富翁》的作者，他在新作《百万富翁的思维》中提到，经他研究发现财务成功与学业成功没有直接关系，二者并不相关。这一点很容易理解，我们只需回顾我们前面谈过的，即我们的教育体制只专注于学业技能和职业技能的培养，而遗漏了富爸爸教我的技能——财务技能。

我在本书开始时就说过："在信息时代，教育变得比以前更加重要。要让你的孩子为未来做好充分的准备，教给他们正确的财务技能至关重要。"

通过向你的孩子提供基础财务教育，如教他们认识财务报表，你给了他们控制自己财务命运的力量。无论他们选择什么职业，挣多少钱，或者在学校里成绩怎样，都会拥有这种力量。正如富爸爸经常提到的："金钱并不能使你富有。大多数人犯的最大的错误就是认为多挣钱就会使他们更富。在多数情况下，人们挣到的钱越多，反而会在债务中陷得越深。这就是金钱本身不能让你富有的原因。"因此，他告诉我和迈克，我们每花一美元，就面临一个选择，而这个选择会产生长期的结果。

4的力量

我们大多数人都听过俗语"独木难成林"，或者"三个臭皮匠，顶个诸葛亮”。

我个人当然同意这些说法，可我们的教育体制却不赞同它们当中蕴藏的智慧。在《富爸爸投资指南》一书中，我提到了四面体的力量。下图是一个四面体：

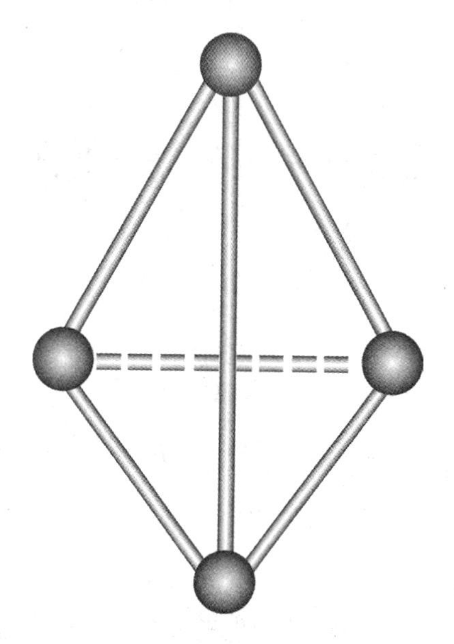

在我对这个坚实的几何体的研究中，我发现四面体是最小的坚固结构，同时也是所有结构中最稳定的，这也是四面体之所以能维持那么久的原因。关键是发现数字 4 中的魔力。

当你看星相图时，你会看到有 4 个主要星相：土、风、水、火。假如你把这 4 个基本星相放入一张图中，就会发现它看起来类似一个四面体（见下页图）。

这 4 个基本元素组成了我们所知道的世界。

当我们审视这个金钱和企业的世界，我们发现了现金流象限图。4 在其中仍是个神奇的数字。4 个边分别是雇员 E、自由职业者或小企业主 S、大企业主 B 和投资人 I。显然，又形成了一个四面体。

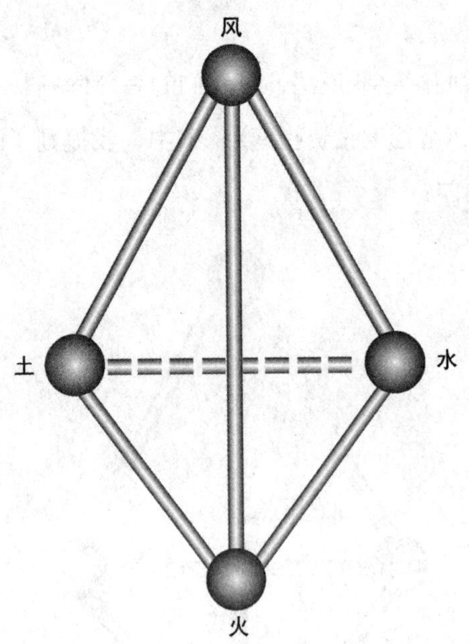

古希腊医生希波克拉底（公元前 460 ~公元前 377），被后世尊为“医学之父”，他根据不同人的性格特征把人分为 4 类[①]：粘液质、多血质、胆汁质和抑郁质。

在 20 世纪，卡尔·荣格博士也把人分为 4 种类型：思维型、感觉型、直觉型和情感型。

20 世纪 50 年代，伊莎贝尔·迈尔斯和她的母亲设计出了迈尔斯·布里格斯个性分析标准（MBTI）。MBTI 定义了 16 种不同类型的人，然而有趣的是，又把他们纳入了 4 种主要类型：D 是主宰（Dominance）、I 是影响（Influence）、S 是支持（Support）、C 是顺从（Compliance）。

今天，像这样的性格类型标准层出不穷，许多公司都纷纷使用这些标准以保证能把合适的人安排在适合的工作岗位上。这正是我要指

---

① 希波克拉底认为人有 4 种体液，他按照血液、粘液、黄胆汁和黑胆汁的多寡把人分为 4 种类型。

出的 4 的重要性。

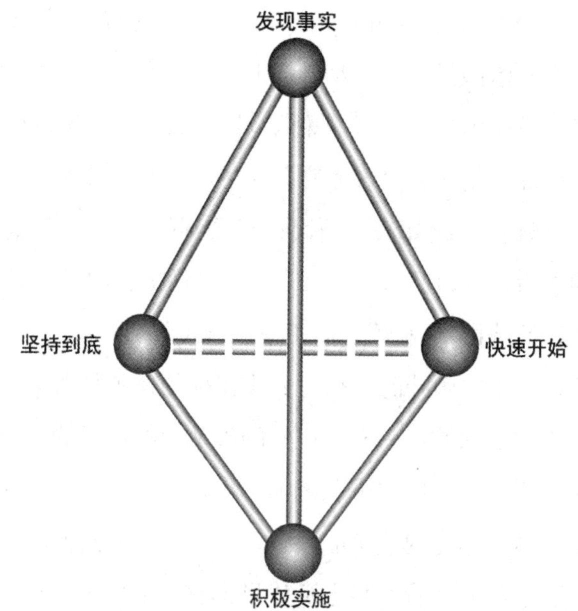

凯西 · 科尔比的工作也有一些很有趣的地方，她的工作使这一领域的研究更加深入细致，从而使我们更了解自己，并找到了自己独一无二的天赋。她的工作的一个成就就是使我们明白了为什么有些孩子在学校很顺利而有些孩子不行。当你看到上面的四面体后，就会明白为什么如此多的孩子会在学校里遇到麻烦。

你很容易看到，现行教育体制只是为那些在“发现事实”方面能力很强的人设计的，而其他 3 种类型的人则会在这个体制中挣扎，换句话说，世界由 4 种不同学习类型的人组成，可教育体制只承认一种。

12 的力量

我们中大多数人都知道一年有 12 个月，黄道有 12 宫。在人类的发展过程中，数字 4 和 12 不断作为具有重要意义的数字出现。当你研究立体几何时，你就会明白为什么这种情况会反复出现。不幸的是，目前的教育体制只承认一种学习方式和一种天赋。本书要告诉父母们的就是，认识到孩子们有 4 种学习方式和 12 种不同的天赋十分重要。换句话说，现在有更多教育孩子的方式和更多帮助孩子发挥天赋的方法供你选择。比如我在前面已经谈到的，“智力”意味着发现更多差异的能力，“教育”（education）一词与“引出”（educe）一词的词根一样，都是指“引出”，而不是“填入”。

当你注视孩子的眼睛时，请时刻牢记你的孩子具备某些天赋。它也许和教育体制要求的不一样，但它的确是你的孩子的天赋。虽然它不被教育体制所认可，但父母和老师都应该尽力发掘它，这一点意义重大。无论何时，你注视孩子的眼睛，都会从中看到他的天赋。孩子的天赋也提醒了我们，我们自己身体里也有一个精灵，正是这个精灵把魔力带到了我们的生活中。

结束语
世界上最重要的工作

穷爸爸常说："有两种孩子。一种孩子靠循着路标取得成功，还有一种孩子讨厌遵循路标并认为他们必须闯出一条自己的路。在我们每个人体内都有这样的两个孩子。"

不要碰炉子

穷爸爸想让我知道，寻找自己的路很好，只要我在探索的过程中是高尚而正直的。我有许多次曾偏离了这条道路，可不管我偏离这条道路有多远，我的爸爸总是一直亮着一盏灯，随时欢迎我回家。

他经常不赞同我所做的事，但他让我知道，即使不赞同，也不会阻止我做事。他会说："一个孩子知道'热炉子'这个词的最好方式就是摸一下它。"

我记得有个晚上曾听到他在家长教师联谊会上致词时讲到热炉子的故事。当他说话时，台下的听众中大约有150位家长，他说："作为成年人，我们了解什么是热炉子的唯一方式就是我们都摸过它。虽然我们都被告知不要摸热炉子，但我们都摸过。假如你们中有人还没摸过热炉子的话，我建议你们赶快去摸一下。摸了之后，你的生活才会更加真实。”

家长和老师们听完这段话后都哈哈大笑。一个家长举手问道：“你是说我们不该约束我们的孩子吗？”

“不，我没有这么说。我是说你的孩子会通过他的生活经历去学习。我说的是，一个孩子知道热炉子这个词的最好方法就是摸摸它。假如我们告诉他们不要去摸炉子，那就太可笑了。孩子仍然会去摸热炉子，这是上帝赐给他们的学习方式，孩子们通过做、犯错误的方式获取知识。然而我们作为成年人，却试图通过告诉他们不要犯错误，因为犯错而惩罚他们。这样来教育我们的孩子，才是错误的。”

当时我只有14岁，但我知道许多家长和老师并不喜欢爸爸说的这番话。对他们来说，避免犯错误是一种生活模式。另一个家长举起手说：“所以你想说犯错误是人的天性，犯错误是我们学习的方式？”

“这正是我想说的。”我爸爸说。

“但教育体制惩罚出错的孩子。”这位家长说，他依旧站着。

“这就是我今晚站在这儿的原因。”爸爸说，“我站在这儿是因为，作为老师，我们已经不再把精力放在纠正错误上面，我们太专注于寻找和惩罚犯错的孩子了。我担心我们越是惩罚错误，而不是教孩子们改正错误并从中学习，我们就会越偏离教育的本意。我们不应该去惩罚犯错误的孩子，而是要鼓励他们犯更多的错误。他们犯的错误越多，从中学到的也就越多，他们也就越聪明。”

“但你们这些老师常常惩罚爱犯错的孩子，还不让他们通过考试。”家长说。

“是的，这是我们体制的缺陷。我也是这个体制的一员，所以今晚我才站在这里。”

爸爸继续解释道，一个孩子天生的好奇心会促使他去学习。但是就像好奇心会害死猫一样，好奇心过重对一个孩子也是有害的。那一晚，爸爸说，父母和教师的工作是在不扼杀孩子天生的好奇心的前提下帮助他改正错误。

后来这个家长又问："你如何在不扼杀孩子好奇心的前提下纠正他们的错误呢？"

爸爸答道："我也没有答案。我相信这是一门需要具体问题具体分析的艺术，所以也不可能只有一个答案。"他继续说："我在这儿只想提醒家长们，我们都是通过摸热炉子才知道热炉子是怎么回事的。虽然我们被要求不要摸它，我们还是摸了。我们这么做是因为我们好奇并想学到新东西。我在这里特别强调孩子的好奇心和求知欲，因为所有孩子的好奇心都是与生俱来的，我们的工作就是保护他们的好奇心，同时尽力保护孩子。保护好奇心非常重要，因为这是我们学习的方式。扼杀孩子的好奇心就会毁了孩子的未来。"

又一位家长举起手说："我是一位单身母亲。现在我的孩子不服管。他很晚才回家，而且一点也不听我的话，他正在往坏孩子堆里跑，我该怎么办？我该鼓励他的好奇心还是等着他进监狱？"

爸爸问道："你的孩子多大了？"

"刚满 16 岁。"单身母亲说。

爸爸摇了摇头："我说过，我没有现成的答案。在教育孩子方面，我没有'放之四海而皆准'的答案，"他慢慢地说着，"也许警察那儿有你儿子寻找的答案。为了你儿子的命运，我希望不要这样。"

爸爸接着讲了他关于两种类型的孩子的故事。一种孩子循着路标在笔直而狭窄的小路上走着，而另一种孩子则需要开创他自己的道路。爸爸继续说，所有的父母能做的就是点亮一盏灯，并希望孩子能回到正道上来。他还提醒父母，他们中许多人也偏离了这条路。他说我们每个人内心深处都有想发现自己的道路的愿望。他进一步解释道："我们都相信有一条正确的路和一条错误的路，但有时，自己的路就是最好的路。"他在结束时说道："有时我们的路并不是孩子们要走的路。"

这位年轻母亲对这个答案并不满意，她又站起来问道："但假如他在黑暗中迷失了方向，永远回不来了，怎么办呢？那时我该怎么做？"

爸爸停顿了一下，然后，他的眼神表明他理解她的担忧，然后平静地说："让灯一直亮着。"然后，他收起讲稿走下了讲台。在即将踱出仍然陷在一片寂静中的房间时，他转过身来说道："父母和老师的工作是让灯一直亮着。这是世界上最重要的工作。"

你不能教一个人任何东西，而只能帮助他发现他自己内在的东西。

——伽利略

附录一 该不该给孩子零花钱：古老的争论

莎伦·莱希特

该不该给孩子零花钱是一个永恒的话题。父母该怎样做？目前似乎并没有一个明确的答案。

许多家长在零花钱问题上感到困惑，他们忘了教孩子们怎样处理手中的钱。无论这笔钱是零花钱，还是由于完成某项特殊任务而获得的报酬，孩子都需要学会在财务方面自己负起责任。

孩子是否得到零花钱，并不能决定他们未来能否取得财务上的成功。而从小教会孩子对金钱负责，则是他们日后取得财务成功的一剂良方。在这本书的第 14 章中，富爸爸教罗伯特认识现金流的右侧象限正是要向他强调财务责任的问题。成功的企业家和投资人都能很好地履行财务职责，并在他们一次又一次的成功中不断地证明这一点。

零花钱

所谓零花钱，就是定期给个人或家庭的费用。也许零花钱有许多种定义，但让孩子正确理解零花钱的含义却是极其重要的。孩子们是把得到零花钱看成是理所当然的，还是把它看做完成一项约定的任务或履行了一项职责后得到的一笔津贴？在“理所当然”思想日益成为成人世界中的问题时，我们认为，父母不应当让孩子养成认为自己每周都理所当然地得到一定数额的零花钱的习惯，这一点非常重要。请比较以下两种情况的不同之处：

"约翰，现在你已经12岁了，应该给你一些零花钱了。以后每星期我都会给你10美元的零花钱，你愿意怎么花就怎么花。"

"约翰，每天晚上你做作业、参加体育运动都很认真，为了鼓励你参加这些活动，以后你每星期都会得到10美元的零花钱。"

为特定任务支付报酬

关于父母应该给零花钱还是为特定任务支付报酬给孩子，引起了许多方面的争论。我们不想左右父母的思想，而是希望向父母提供一种适合他们自己的为人父母之道。给零花钱会使孩子产生"理所当然"的思想，而"为特定的任务支付报酬"也会对孩子产生负面的影响，它会使孩子形成一种雇员意识。"你做这个，我会付你10美元。"虽然通过完成特殊的工作或任务挣到报酬是一个重要的争论点，但它只是教育孩子承担全部财务责任的一个组成部分。

当所有的方法都失败时，就求助于贿赂

孩子们需要认识到，他们应该为家庭和社会作出贡献，同时不应期望在金钱上获得补偿。家长们为使孩子们承担他们本应承担且不该接受报酬的任务，往往会"贿赂"孩子。在这点上我自己也深有体会。当你发现自己要"贿赂"孩子时，就应像听到起床铃一样马上清醒过来，当你试图"贿赂"孩子时，你正在把控制权交给他们，你在把你作为父母拥有的权力交到你孩子的手中。当然，许多家长为了掩饰其

“贿赂”形式，称这种做法为“奖励”制度。

父母的策略

我们无意左右父母们的思想，不过我们有一些方法可以帮助父母们制定适合各自家庭的零花钱制度。我们建议你对孩子采取 4 个阶段的计划。最重要的是，我们建议你经常与孩子公开地交流对此问题的看法。

阶段 1：个人职责——确定你的孩子为了他们自己的健康和发展应当承担一定的责任和义务。（例如，早晚刷牙应被列入个人职责的范围内，一些家长还把叠被子或收拾碗筷列入其中。）履行个人职责不应得到任何报酬。

阶段 2：家庭或社会责任——确定应为家庭和社会承担的不以收取报酬为目的义务。这些行为有助于美化孩子的生存环境。（例如，布置晚餐桌、给弟弟妹妹讲故事、帮老婆婆拿东西等都是承担家庭或社会责任的例子。）家庭和社会责任没有报酬。

阶段 3：父母根据自己的意愿确立一个准则，以确定是否给孩子零花钱，以及哪些特定的任务或职责可以获得报酬。

应尽量防止孩子产生“理所当然”的思想。让孩子参与上述准则的制定。你或许想让孩子为他们付出的劳动向你要零花钱，那么就让他们对所承担的任务更加负责（每周洗一次车对于某些父母来说是可以不包含在阶段 2 之内的事情，并可考虑为此每星期给一次零花钱）。一些孩子忙于体育锻炼和学校作业，于是父母就给他们一些零花钱以认可他们的努力。这里的问题是，应开诚布公地与你的孩子讨论你希望他承担什么责任。

阶段 4：启发孩子的企业家精神——鼓励孩子思考挣钱的方式。让他们自己设定任务或分享其他孩子挣钱的故事，使他们增长见识，并抓住摆在自己面前的机会。鼓励他们承担特定的“任务”，并建立一套每项任务完成后的薪酬制度，让他们在工作结束后找你要薪水。

这就是富爸爸所谓的你的工作应和你的事业联系在一起的哲学。对每项任务支付的钱数取决于孩子所做的“工作”。孩子用他们自己的钱做的事是他们自己的“业务”。孩子越早认识到为他人工作和为自己工作之间的差异，他们在财务上取得成功的机会就越大。要向他们解释你在白天（早 8 点到晚 5 点）所做的事是你的职业或工作，而你用钱（你的工资）所做的事是你自己的事业。

财务职责

许多父母在零花钱问题上走入了误区，他们忘记教孩子在拿到钱后做些什么。无论这些钱是来自零花钱、礼物，还是完成特定任务的“工资”，孩子们都需要学习承担财务责任。只有在接受了财商教育之后，孩子们才会理解财务责任的意义。而且，为了与“理所当然”的思想斗争，我们还要教育孩子们了解延迟的报酬以及信用卡债务。

财商教育

要教给孩子们有关资产和负债的概念；让他了解劳动收入、被动收入和证券收入之间的不同，以及被动收入与证券收入的重要性；让他认识到什么是额外支出。可用《富爸爸穷爸爸》和本书中的简单图表来教孩子。只有从小就用这一类的财商教育教导你的孩子，才会为他们将来真正负起财务责任打好基础。

延迟的回报

财务责任涵盖了财务知识和对“延迟的回报”的理解，《富爸爸穷爸爸》中对“延迟的回报”有较多的讨论。对孩子来说，建立储蓄计划的一个好处是，教他们认识到“延迟的回报”的力量。通过和孩子一道制定财务目标，并帮助他们制定实现目标的财务计划，你已经把成功的秘诀植入他们心里。他们在实现这些目标的过程中建立的自尊更是无价的。在今天这个报酬即付的世界里，我们剥夺了孩子们实现目标后获得的强烈的成就感。为什么会这样呢？因为我们总是给他们现成的东西，而不是让他们靠自己的能力去争取。

举例来说，你的孩子想要一辆新自行车。根据《富爸爸穷爸爸》中介绍的思维方式，穷爸爸会说“我买不起”，而富爸爸则会问“我怎样才买得起”。要教你的孩子说“我怎样才能……”，而不是“我不能”。帮助他们建立一个挣钱买自行车的计划，鼓励孩子去实现这个目标。在这个过程中，你要评价他们的进步，并根据需要调整目标。让你的孩子把买自行车作为完成计划后获得的最终奖励。肯定孩子的努力，并陪他最终取得成功。

债务和信用卡

今天，信用卡已成为即付报酬的工具。不幸的是，当账单来到时，最后的结果却是迟来的灾难。应对的策略是，制定与上述买自行车的故事类似的财务目标，以及延迟回报。

不论我们怎么看待信用卡，它们都已在今天的社会中泛滥。孩子们通过电视、收音机或同龄人，每天都会得到信用卡铺天盖地的“只需记账即可”的信息。父母们应当让孩子们全面了解信用卡，向他们展示信用卡的另一面，让他们看着你们付账单，并向他们解释信用卡的利息对资产负债表产生的巨大影响，让他们了解每张信用卡都有透支限额。

也要给他们讲使用信用卡的好处，信用卡可以为你保留你的购物记录，许多人很聪明地使用信用卡，每月都还清账单，这样就无需向银行支付利息了。

许多家长自己就有信用卡债务问题，并担心如果让孩子过多地了解他们的财务状况，会增加孩子的恐惧。现实生活中的信用卡债务问题远远超出了孩子们的理解水平，于是我们发明了一种专门给孩子玩的“现金流”游戏，以便帮助家长教孩子一些基本的财务知识。这个游戏特别设计了作出“支付现金或记账”决策的过程。你的孩子会从中了解到信用卡的两面性（即付的报酬和账单来临时迟来的灾难），他们会玩得很开心，他们只是用游戏中的假钱来玩。这样，当他们长大成人后，可能就会更好地处理或化解信用卡危机。

临时工作

当孩子年龄稍长一些，对他们来说，学会为一项工作负责任非常重要。在学习和体育活动的时间得到保证的情况下，可以让孩子从事某些临时性工作。当他们拿到第一份工资时，要向他们说明在他们得到工资之前，政府已抽走了其中的所得税份额。

当我还在上高中时，父母要求我从临时工作挣得的工资中拿出50% 用来储蓄或投资。拿到工资后立即存 50% 成了我的一种习惯，父母允许我自由支配剩余的 50%。这是我在很小的时候就被灌输的“首先支付自己”的理念。到大学毕业时，我储蓄的临时工作收入的 50%

已经超过了两万美元，可以用来投资了。

作为母亲，当我的孩子开始做一些临时工作时，我也用同样的原则要求他们。他们从自己的行动中了解了“首先支付自己”的理念，并意识到了它带来的长期效益。不幸的是，我的大儿子在大学时背上了信用卡债务。在我和他父亲尚未发觉的情况下，他已不知不觉深陷信用卡债务之中。

我认为教育孩子最好的方式是通过具体的事例。我和我丈夫有几张信用卡是经常使用的，有几张还可以累计飞行里程。我们把信用卡看做记账工具，它可以记录我们所有的开销。我们按月付清所有金额以便永远都不必支付利息。而我们的儿子却没能抵御住每月低支付的诱惑，获得了“即付报酬”的享受，却在达到信用卡限额时陷入了“迟来的灾难”。他花了4年的时间去清偿他的错误带给他的债务，但在这一过程中，他也学到了非常有价值的一课。今天，他按月付清信用卡。而且，他已经学会了首先支付自己，并且承担起了财务责任。

财务成功

总的说来，给不给孩子零花钱这个老生常谈的问题的决定权在你自己。但要问问你自己制定了哪些与零花钱有关而且可以教育孩子的策略。你是否正在培养孩子具备：

“理所当然”的心态？

雇员的心态？

企业家的心态？

财务责任与企业家精神结合在一起会形成一种强大的力量。如果你能帮助你的孩子提高这两方面的能力，你就可以坐下来看他们实现一个又一个的财务成功。

罗伯特的评论

我赞同莎伦的观点，另外，我还想增加一点细微的差别来进一步阐述这堂课。

我的穷爸爸专注于他挣了多少钱，他总是说："接受良好的教育，这样你才能找到高一份高薪工作。"

富爸爸并不在意他挣了多少钱，他专注于自己能留住多少钱，因此他说："你能留住多少钱比你能挣多少钱更重要。"他还说："只关心挣多少钱的人总是要为关心能留住多少钱的人工作。"

至于零花钱问题，我认为更重要的是教你的孩子专注于留住钱而不是挣钱。富爸爸说他在资产栏中的每一块钱都像他的一名雇员：它们都在为他努力工作。一旦 1 美元进入了资产栏，就永远都不会离开资产栏了。如果他卖掉一项资产，他会继续再购买另一项资产。他购买的资产现在已经传给了下一代。

通过在你孩子身上传授和发展这一理念，你能帮助他们找到财务自由之路。

附录二
实战演练：父母与孩子们一起做的金钱练习

莎伦·莱希特

以下练习将帮助你教孩子了解金钱。当我们教孩子某种知识或技能时，如果能够恰当地利用身边发生的一些现实生活经验，就可以自然而然地让他们了解该课程用于实践的一面；而在实践应用中得到的知识和技能，往往使孩子们的印象更加深刻。例如我们有一个课程叫做“银行实地考察”，在实地考察之后，你的孩子每次经过银行都会想起这门课程，这种方法常被称做“经验学习法”，它是教孩子们金钱课程的有力工具。

对你来说，实地考察只是教孩子基本的财务观念的一种方法，它不存在正确或错误的答案。有一些简单的练习或考察会帮助你和你的孩子一起创造关于某个特殊财务问题的对话环境，并有利于拓宽孩子对财务世界的认识。同时，这也是你与你的孩子共享天伦之乐的好机会。

餐桌上的财务实战演练一：支付每月的账单

当你支付每月的账单时，让你的孩子和你坐在一起，给他们看每张账单，并向他们解释上面的项目。这会使他们更加了解现实生活。

你不需要向孩子透露全部的家庭财务状况，但要开始让他们对基本情况有个大致的了解。

1. **首先支付自己**。从首先支付自己开始，即使只是几美元而已。在一次又一次地看到你首先支付自己之后，你的孩子就会在他开始收到钱后照你的样子去做。

2. **支付家庭开支**。向孩子解释公用事业开支的账单，并让孩子仔细看看这些账单。这会让你的孩子更清楚你的钱花在了哪里。一旦知道了你要支付电、水、气、垃圾处理和其他家庭开支，孩子们就会了解你为了支撑这个家做了多少工作。（你还会发现这个练习的额外收益——我们听一些家长说在这次课后，他们的孩子开始注意随手关灯并缩短了洗澡的时间。）

3. **支付你的抵押贷款**。用非常简单的语句向孩子解释抵押贷款，告诉他们买房的钱大部分是从银行贷的款，你们承诺过要在一段时间之内把钱还给银行。为了完成这件事，你们要向银行支付一定的费用或利息，直到还清全额贷款为止。让你的孩子看到你的抵押贷款，以及每次还款时的利息和本金。

4. **支付信用卡账单**。向你的孩子解释信用卡账单。如果你有大额的信用卡债务的话，这可能会是一次困难的练习。但不管怎样，让你的孩子懂得信用卡正反两方面的作用是非常重要的。以下是一些简单的定义：

信用卡——由银行或其他金融机构或商店发放，可以刷卡购买商品或服务。你可以立刻得到商品和服务，由银行或商店先替你支付商品和服务款项。

账单——每个月你都会收到一份表明你该月应支付的款项的表单

（银行或商店为你代付了多少钱），以及你必须支付上述款项的到期日，以避免被收取利息和滞纳金。

信用卡利息——如果账单上的款项在到期日之前没有支付，银行或商店将对未清偿余额收取利息，其利率远高于其他形式借款的利率。

最低还款额——许多银行和商店允许你支付一个“最低还款额”而不是应付总额，并向未清偿的那部分债务收取利息。事实上，他们并不鼓励你立刻还清你的全部信用卡账单，而是竭尽全力为你建立信用制度，使你延长还款时间，好向你收取更多的利息。

重点：正是信用卡的这些特点造成了今天很多人面临的巨额债务。为什么会这样呢？

某个月你手头比较紧张，所以你就只支付信用卡的最低还款额。随着你不断地记入新账，卡上的未付余额在不断地增加。

支付最低还款额是如此容易，以至于你一个月又一个月地使用它，同时你仍然不断地刷信用卡。

因为你支付了最低还款额，你的信用评价很好，于是其他公司也会给你寄一些新的信用卡。很快你的钱夹里就有了 5 种不同的信用卡（根据 Cardweb 的调查，美国大多数家庭有 5 ~ 6 张不同银行的信用卡）。

你不断地支付 5 张卡上的最低还款额，因此保证了较好的信用等级，但此时你所有卡中的未结清余额都在不断增加。

有一天，你发现你按最低还款额支付了一大笔钱，但你每个月的未结清总额仍在不断增加。

当你发现你甚至无力支付每月最低还款额时，你的信用等级下降了。

随后你发现你已花到了信用卡的最高限额。因为你的信用等级不再良好，所以你得不到任何新卡，而你仍要支付现在这些卡上已经到期的最低还款额。

遗憾的是，今天许多人都发现他们已陷入恶性循环。虽然这听上去有些令人沮丧，而且你并不想让你的孩子过早地承受这些，但让他在小时候就开始明白这个问题是非常好的。你该如何向你的孩子解释这个复杂的问题呢？我们发明了儿童版“现金流”游戏，游戏中就包括了这个问题。孩子们会从中了解到他们可以选择——付现金还是刷信用卡，不同的选择导致不同的结果。最初他们会选择刷信用卡，因为这是他们在家中经常听到的办法，而这样做的结果是增加了他们每个还款日要支付的费用。于是他们就会很快意识到一次性支付现金要比无限期地增加费用好。

在《富爸爸财务自由之路》这本书中，我们谈到了如何摆脱债务，并向你提供了在 5 ～ 10 年内还清债务的方法。

5. 鼓励孩子的好奇心。鼓励孩子提问题，并且尽你所能地诚实回答。如果孩子问了你无法回答的问题，就找一个能回答问题的人并和你的孩子一起学习。

6. 记录。在支付了账单之后，让你的孩子帮你填写账单。良好的记录习惯是另一种学习方式。

餐桌上的财务实战演练二：制定一周的食物预算

如果你的孩子已经对支付账单有了一定的理解，你就可以向他们介绍预算的概念了。不必急于向孩子介绍高深的财务知识，只需从小处开始。首先，你让孩子准备一周的菜单，要求是在一定的预算范围内提供全家一周的食物。孩子既要满足家里人对食物的要求，又要保证开支在财务预算以内。让孩子制定菜单并购买食物非常重要。你可以帮助他准备，因为做饭不包含在该课程当中。

1. 制定预算

考虑一下全家每周通常会在食物上花多少钱，方便起见，只需让他们考虑早餐和晚餐。出于练习的目的，你可用200美元支付一个4口之家7天的早、晚餐。

2. 让孩子用图表列出菜单

每一餐都要让孩子按菜单准备，你可以到食品店帮他们了解每种商品的成本。

3. 让孩子准备购物单

在制定好一周的菜单后，让孩子准备一张购物清单以便他们能知道该买哪些食物。

4. 让孩子到食品店购买食物

在食品店里，让孩子挑选要购买的商品，你只需在旁边看着。你可以建议他们带上计算器以便计算总共花费的金额，控制预算是非常重要的。

5. 让孩子在图表上记录每餐所花的钱

购物时，你也许想让孩子在图表上记下花费的金额，但他们需要回家后按收银条记账，因为食物成本中可能还包括税收。

6. 准备膳食

主要让孩子干，你只需帮助他们准备。

7. 分析结果

首先，询问全家人是否对他们的伙食满意，这是该练习中非常重要的部分，因为你一生中无论做什么事都会有反馈意见。

其次，让孩子比较每餐的预算额与实际支出的差异，因为每一餐都有可能节余或超支，最后再看看一周总的节余或超支情况。

8. 回顾全过程

这是该练习中最重要的部分。让孩子与你一同分享这一体验，他们学到了什么？听听他们的观点。你会发现作为父母，你对孩子更加欣赏了。

9. 应用这一过程

现在你需要和孩子们一起讨论所有费用的预算。如果你不想透露特别的财务情况，那么可以制定一个样本预算。在预算中需要讨论的有：家庭中有哪些收入流入，有多少费用需要支付。如果他们已经完成了“支付账单”的练习，你的孩子会更清楚计划需要包括哪些项目。

就像他们必须在预算范围内设计菜单一样，你也必须学会在预算范围内设计生活。

收入：

工资

出租财产获得的租金

利息或红利

其他收入

减：

投资

（计划一定的投资额，这是“首先支付自己”的项目。）

减：

支出

税金

抵押贷款或租金

食物

衣服

保险

汽油

公用事业开支

娱乐

信用卡或其他债务利息

扣除投资和费用之后的余额

现在，计算出你投资占收入的百分比，还有支出占收入的百分比，你是否有办法提高前者降低后者？

假如你增加资产并因此增加了收入，就会有更多的钱为你工作。你的工资只意味着你在为钱工作。

10. 跟进

大约一周之后再和你的孩子来讨论这次练习。他们还记得这次练习吗？他们愿意再做一次这样的练习吗？他们知道投资、购买资产和首先支付自己的长远意义吗？

银行实地考察

第一项练习：带你的孩子到银行去，指给他们看坐在柜台前的出纳和客户服务代表。如果银行不太忙，可以请出纳和客户服务代表解释他们所做的工作。让你的孩子问一下银行的存款利率是多少，包括储蓄账户、大额可转让定期存单和银行提供的其他工具，并让孩子做记录。

然后让孩子问一下银行的汽车贷款、住房贷款或消费信贷利率为多少。如果银行发行自己的信用卡，让孩子问一下信用卡未结清余额的利率。

然后离开银行，找个安静的地方完成下列表格：

银行向你支付的利息：		**你付给银行的利息**：	
储蓄账户	____%	汽车贷款	____%
货币市场账户	____%	消费贷款	____%
大额可转让定期存单	____%	信用卡	____%
____	____%	抵押贷款	____%
____	____%	____	____%

让孩子检查这张表并问他们下列问题：

1. 哪一列的利率高一些？

2. 补充下面的句子：

银行按银行储蓄账户的（储蓄利率）支付利息，当我需要买车去银行贷款时，我要为贷款支付（汽车贷款利率）。我所支付的（汽车贷款利率）多于我收到的（储蓄利率）。

3. 和你的孩子一起重温第10章“为什么储蓄者总是损失方”，向他们解释存些钱在储蓄账户中是明智的，这是我们良好的财务习惯的开始。事实上，我们建议人们在储蓄账户中存入可以应付3～12个月开支的现金以防万一，而不提倡你从储蓄账户中随便提钱，但我们也说过储蓄账户不是好的投资工具。

4. 作为总结，问孩子：“假如遇到下列情况，你是会挣钱还是会赔钱？”

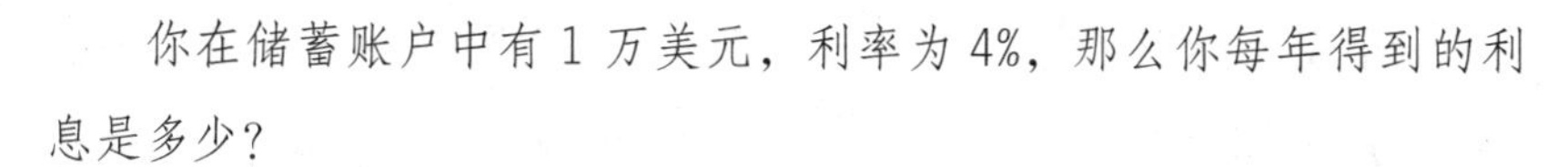

你在储蓄账户中有 1 万美元，利率为 4%，那么你每年得到的利息是多少？

（1 万美元 ×4%）= ____________（A）

并且：

你有 1 万美元的消费贷款，第一年你以 9% 的利率支付利息，你应支付多少利息？

（1 万美元 ×9%）= ____________（B）

现在：

1 年之后，你是挣钱了还是赔钱了？

（A）－（B）= ____________（C）

10 年后，你挣了或赔了多少钱？

（C）×10（年）= ____________（D）

答案：

A = 400 美元；银行对你的储蓄支付 400 美元利息。

B = 900 美元；你付给银行 900 美元的贷款利息。

C = −500 美元；你将损失 500 美元。

D = −5000 美元。10 年后，你会损失 5000 美元，你在储蓄账户中仍有 1 万美元，而且仍有 1 万美元的消费贷款。但 10 年中，你支付的利息比你得到的多 5000 美元。

进阶练习

复习上述练习，让我们再加入所得税的影响，因为政府向你征收所得税并且不允许你扣减应付的利息。

从你在上面计算出的净额（C）开始；记住，它可能是个负数：

（C）= ____________

已计算出的利息（A）为：

（A）= ____________

用 50% 的所得税率相乘（根据你的总收入情况税率会有所不同）：

（A）×50%= ____________（E）

现在从（C）中减去（E），然后得到你税后的利息收入或损失：

（C）-（E）= ____________（F）

10 年后，你的利息收入或损失是多少？

（F）×10 年 = ____________（G）

答案：

E = 200 美元；你将为你从银行收到的利息支付 200 元的所得税，假设税率为 50%。

F = −700 美元，缴纳所得税后，你每年会损失 700 美元，或者说支付的消费贷款利息比收到的储蓄利息多 700 美元。

G = −7000 美元。10 年后，你会损失 7000 美元，在储蓄账户中你仍有 1 万美元的存款和 1 万美元的消费贷款。但在 10 年中，你支付的利息和税金比从储蓄账户中得到的利息要多 7000 美元。

复习

再温习一遍上面这个例子，你会发现那并不是一个明智的投资计划。不幸的是，许多人正在按这个计划行事，而且没有意识到这一点。有些办法可以帮你改善这一投资计划。

容易的做法：用你的 1 万美元储蓄，偿还 1 万美元的消费贷款。用这种方法，你不会损失一分钱，挣不到利息，也不用支付利息。

中等难度的做法：寻找一项资产，并用储蓄账户中的 1 万美元买下它，从而产生足够的现金流以支付消费贷款，但你需要找到每年能产生 900 美元以上的现金流的投资。另一种方法是，看你的现金的现金回报率是否大于 9%（900/10000）。任何投资者都有必要了解现金的现金回报率，这是用你的资产偿还你的负债——消费贷款的办法。所得税的影响并未包含在这个案例中，因为所得税率根据你所买资产的不同而不同。

复杂的办法：购买一项现金的现金回报率在 9% 以上的资产，然后决定如何把 1 万美元消费贷款转为商业贷款，这可以使支付在贷款上的 900 美元利息免征所得税。这个办法在《富爸爸投资指南》这本书中有详细的介绍。

请记住，这个练习的目的在于说明储蓄和借款以及储蓄和投资之间的差异。你还可以增加一些额外的部分以提高整个训练的复杂程度。另外需要注意的是，请从最初级的例子开始，由浅入深，只要孩子感兴趣并且能够真正理解那些初级的概念，你就获得了成功，而且可以进行下一步练习了。

到食品杂货店实地考察

孩子们学习的最好方法是亲身体验，在他们很小的时候，你就可以开始和他们谈有关金钱的话题。这项练习应在预算练习之前开展，从而为你的孩子在计划全家一周的膳食时到商店购物提供帮助。

当你到食品杂货店购买食物时，你会不停地通过比较质量和价格作出决定，你不要只是在自己心里考虑，而要把这些想法告诉孩子。我经常看见人们在孩子面前晃悠玩具或给他们玩电子游戏来让他们保持安静，但我建议你不要对孩子们问这问那感到不耐烦，要让他们也参与进来，告诉他们商店为他们提供了每一单位商品的价格比较，并让他们通过比较告诉你哪一罐豆子的价格最划算。同样重要的是，你还要解释为什么尽管某种要便宜一些，但你仍选择购买较贵的那种。告诉孩子是豆子的质量决定了它的价格。你可以把这两罐都买回家，这样你就能在家中通过比较罐头里豆子的优劣告诉孩子它们的不同。

让你的孩子们付款、点钱和找零。价值和交换的理念对孩子的学习来说是非常重要的。

到汽车和电器店进行实战演练

如果你准备买汽车或者大件的家用电器，请带上你的孩子一起去。

和你的孩子讨论是支付现金还是贷款购买，如果你要贷款购买，你应该明确地告诉孩子，从现在起，在你们的月度预算中，又要加入新的支出项目了。

通过参与整个交易过程，你的孩子会在幼年时了解借款以及良好信用的重要性。让负责贷款的工作人员向你的孩子解释什么是良好信用以及它的重要性，通常他们都很高兴告诉潜在顾客信用等级不佳的和拥有星级信用的顾客享受的待遇有哪些不同。

通过这个过程，你的孩子将会开始认识到个人财务报表和信用等级就是一个人在现实生活中的成绩单。

这只是一个很简单的体验课程，但是让孩子参与进来能够拓宽孩子的思维，并使他们了解有关信用和借款的事。

到证券公司进行实地考察

去银行看过之后，请带孩子去证券公司，请股票经纪人向你的孩子解释他们的工作（你可以提前安排这次拜访，以便你能找到一名热心的经纪人）。

假如你的孩子已经十几岁了，你可以为他在公司里开设一个账户，并协助他完成填表工作。在你和股票经纪人的帮助下，让你的孩子自己选择投资项目。

让经纪人解释不同的投资类型以及它们在回报率上的差异，大多数成年人也不清楚公司股票或共同基金在操作上的不同。你的孩子通过了解有关这些投资工具的基础知识，将会受到非常棒的财务启蒙。

除非你的孩子已经掌握了股票经纪人所讲的每一个概念，否则谈论市盈率和其他的准则和技术分析就显得为时过早。有关这些主题的深入讨论，可以在《富爸爸投资指南》中看到。

有一些家长给孩子开设了在线交易的账户，是否开设在线交易账户由你自己决定。但我认为在孩子们早期的财商教育过程中，让股票经纪人与孩子面对面交流会更好一些，你的孩子可以通过这种交流同股票经纪人建立联系，并能更加自在地提出他们还不懂的问题。

教你的孩子学会阅读当地报纸的财经版。假如你对此也不熟悉，不妨让股票经纪人同时给你们两个上课。

要从小金额开始，不要让你的孩子投入太多钱。这个过程仅用于教育你的孩子了解这个金钱世界以及金钱的力量，用太多的钱只会让金钱的力量控制你的孩子，给他们带来不好的影响。从小金额开始，并通过动手来学习会取得非常好的效果，因为在金钱方面，小错误总是比大错误容易改正。

到麦当劳实地考察

把你的孩子带到麦当劳并不难。但这次，要花足够的时间来计划并实施下列练习：

在你开车载他去麦当劳的路上，请向孩子指出如下要点：

• 一些人拥有麦当劳下面的土地，因为让麦当劳建在他们的土地上而收到租金，他们甚至不需要守在当地，只需要每月收取租金就行了。

• 同一个人可能拥有麦当劳的建筑物，并同时收取这栋建筑物租金。

• 一些人拥有为麦当劳建造金色拱门的公司。你能想象一个工厂到处都是金色拱门吗？也许只有这样，麦当劳才能确保所有的拱门的颜色都一样，款式也一模一样。

点完食物后，一边吃一边让孩子注意观察下面这些场景：

• 看到柜台后面的收银员了吗？她是麦当劳的雇员，按工作的小时数领取相应的报酬。经过培训后，只要她准时站在她的工作岗位上并做了她应做的工作，就能领到工资。当她领取工资时，她只能根据她实际工作的时间得到报酬。

• 然后问："你还看到其他雇员了吗？"

• 最后总结："所以许多雇员一起工作，才能使麦当劳运作良好并为顾客提供优质的服务。"

环顾餐厅，让孩子观察下列情形：

• 看到他们使用的杯子和包汉堡的包装纸了吗？这些东西都是由其他公司专门为麦当劳制作的。这些公司必须保证杯子和包装纸看上去和麦当劳要求的一模一样，否则将得不到付款。某位雇员可能就在麦当劳所在公司的办公室里负责订货，并确保每一家麦当劳在用完他们目前的库存时及时补足货源。

• 然后问：“你看看麦当劳里有哪些东西可能是其他公司生产的？”

• 然后总结：“许多不同的公司在各自的专业生产领域为麦当劳提供商品，从而确保麦当劳能够有效运作。”

• 看到那个在苏打水机器旁边忙着修理机器的人了吗？（或者安电灯和擦窗户的人。）他可能是一名自由职业者，或者拥有自己的小公司，这家麦当劳的经理雇用他做一些特定的工作，像修机器、擦窗户等。对麦当劳的经理来说，雇用一个具有这些专业技能的全职雇员的价格太昂贵了。因为只有在机器坏了或窗户脏了的情况下才需要他们，所以经理只在需要的时候临时雇用他们。

• 然后问：“你看到麦当劳有哪些工作可以雇用其他专业公司而不是招聘一名员工来完成？”

• 然后总结：“各种专业公司提供了不同类型的服务，以确保这家餐厅的正常运作，对小公司和拥有特殊技能的自由职业者来说，为麦当劳工作是他们的谋生手段。”

• 你注意到每家麦当劳都很相似了吗？食物都是一样的，虽然雇员不同，但说的话都一样，每家的番茄酱也都一样。这都是因为麦当劳建立起了自己的系统，每个加盟连锁店都必须严格遵守一定的政策和程序，如果它希望继续做下去的话。这些政策和程序组成了每个成员必须遵从的系统，该系统规定了员工全部的操作规程。

• 然后问：“你还注意到哪些系统？”

• 然后总结：“这个麦当劳店和世界各地其他的麦当劳店共同遵循的系统使麦当劳成为一个成功的特许经营企业。拥有这样的系统，或者为自己的公司建立这样的系统是不是很棒？”

● 你注意到了吗？我没提到过这家麦当劳的店主也在店里？其实他雇了一位经理，由经理负责餐馆的日常运行、雇用和解聘雇员、确保有效供应充足、保证顾客满意，并使每一个环节都顺利进行。经理与店主接触只是向他汇报餐厅的运行情况，也许是每周一个电话或者每月一次例会（在店主办公室或家里举行）。只需接听电话或参加会议，店主就能知道麦当劳又为他挣了多少钱。麦当劳是店主的资产，他拥有使餐馆工作的系统，事实上，现在他可能正在打高尔夫球呢。

● 然后问："你认为店主会在麦当劳店的事务上花多少时间？"

● 然后总结："店主让他的资产为他工作，而不是自己为钱工作！因为这项资产为店主带来了现金流，店主就可以自由地把时间花在建立更多的资产或上高尔夫球场上。"

到公寓楼进行实地考察

找一栋你家附近的公寓楼，或者你的孩子经常在路上看到的公寓楼。在公寓楼前停下，并进行以下观察：

● 这是一栋公寓楼，住在楼里的人叫房客，他们支付的钱叫房租。支付房租使他们能住在其中一套公寓里，但他们并不拥有这套公寓。他们的租金还允许他们使用诸如游泳池、庭院、洗衣房等公共设施。

● 然后问："在这栋大楼里，一共有多少个单元？"

● 然后总结："为了能够使用公寓，所有的房客都在向公寓楼的业主支付租金。"

●"公寓楼的业主拥有所有的单元房，通常业主也借钱，这叫抵押贷款，通过这种方式，他们买入这栋公寓楼，并按月向银行支付利息和本金。”

● 然后问：“如果有________套单元，每个房客月租金为1000美元，那么，公寓楼的业主就从他们的单元房中挣了很多钱。”

● 最后总结：“如果业主收到的租金多于他每个月付给银行的钱，他就会得到正现金流。”

●“为使公寓保持较好的外观，业主需要支付清扫庭院、保养游泳池或粉刷大楼的费用。”

● 然后问：“你认为业主该支付哪些费用？”

● 最后总结：“所以业主要每月收取足够的租金，以确保出租公寓得到的租金多于拥有大楼的成本和维护保养的费用。”

●“在多数情况下，公寓楼的业主并不住在里面。所以业主需要建立一个收费和收房租的系统，以及一个及时通知房客房子变动情况的系统。”

● 然后问：“你认为业主需要拥有哪几种系统以保证公寓楼的成功运转？”（例如，房客告诉业主公寓所存在的问题的途径，以及支付与公寓有关的租金和账单的途径。）

● 然后总结：“这种情况类似麦当劳，它也需要系统使其高效和成功运作。管理公寓的复杂程度不亚于管理一家企业。”

●“你可能看不见公寓楼的业主，因为他并不住在这里，可能有一位物业经理会替他处理房租、维修保养等方面的事务，并能及时和房客沟通。有时物业经理靠管理这项房产过活，但不一定总是这样。”

● 然后问：“如果业主从不出现，而由物业经理处理所有事务，这是不是有点像麦当劳的店主？”

● 最后总结：“与麦当劳的店主一样，这栋公寓楼的业主拥有一项资产，并拥有一个系统，这个系统通常由物业经理来管理。物业经理确保公寓楼各项设施的有效运作，并定期向业主汇报赢利状况，业主是在让资产为自己工作，而不是自己为钱工作。”

总体来说，在这次实地考察之后，你的孩子会从全新的角度审视公寓楼。而且，如果你选择的公寓楼靠近你们家，每次孩子经过它时，他都会记起这栋公寓楼的相关业务。

你也可以向孩子解释，有许多人投资于供出租的单户家庭住宅和办公用的写字楼，在这些情况中，上面的分析也同样适用。之所以以公寓楼为例，是因为对孩子们来说它既简单又熟悉。孩子要学习的重要概念是金钱的力量，即你要让你的钱为你工作而不是你为钱工作。

提高财商的三个方法

方法一：阅读“富爸爸”系列书籍

财富观念篇	《富爸爸穷爸爸》 《富爸爸为什么富人越来越富》（《富爸爸穷爸爸》研究生版） 《富爸爸财务自由之路》 《富爸爸提高你的财商》 《富爸爸女人一定要有钱》 《富爸爸杠杆致富》 《富爸爸我和埃米的富足之路》 《富爸爸那些比钱更重要的事》 《富爸爸为什么富人越来越富》 《富爸爸为什么我们希望你成为有钱人》 《富爸爸第二次致富机会》 《富爸爸 8 条军规》
财富实践篇	《富爸爸投资指南》 《富爸爸房地产投资指南》 《富爸爸点石成金》 《富爸爸致富需要做的 6 件事》 《富爸爸穷爸爸实践篇》 《富爸爸商学院》 《富爸爸销售狗》 《富爸爸成功创业的 10 堂必修课》 《富爸爸给你的钱找一份工作》 《富爸爸股票投资从入门到精通》 《富爸爸为什么 A 等生为 C 等生工作》
财富趋势篇	《富爸爸 21 世纪的生意》 《富爸爸财富大趋势》 《富爸爸富人的阴谋》 《富爸爸不公平的优势》
财富亲子篇	《富爸爸穷爸爸（少儿财商启蒙书）》（适合 3~6 岁） 《富爸爸穷爸爸（漫画版）》（适合 7 岁以上） 《富爸爸穷爸爸（青少版）》（适合 11 岁以上） 《富爸爸发现你孩子的财富基因》 《富爸爸别让你的孩子长大为钱所困》

财富企业篇	《富爸爸如何创办自己的公司》
	《富爸爸如何经营自己的公司》
	《富爸爸胜利之师》
	《富爸爸社会企业家》

方法二：玩《富爸爸现金流》游戏

《富爸爸现金流》游戏浓缩了《富爸爸穷爸爸》一书的作者——罗伯特·清崎三十多年的商界经验，让我们在游戏中模仿和体验现实生活的同时，告诉游戏者应如何识别和把握投资理财机会；通过不断的游戏和训练及学习游戏中所蕴含的富人的投资思维，来提高游戏者的财务智商。

扫码购买《富爸爸现金流》游戏

方法三：关注读书人俱乐部微信公众号，在读书人移动财商学院学习财商知识

北京读书人俱乐部微信公众号由北京读书人文化艺术有限公司运营，为富爸爸读者提供既符合富爸爸理念又根据中国实际情况加以完善的财商相关课程，帮助读者系统地学习和掌握富爸爸财商的原理、方法和实操技巧，助力富爸爸读者的财务自由之路。

readers-club

扫码关注读书人俱乐部

开始学习

图书在版编目（CIP）数据

富爸爸发现你孩子的财富基因 /（美）罗伯特·清崎，（美）莎伦·莱希特著；萧明译. — 成都：四川人民出版社，2017.10（2020.4 重印）

ISBN 978-7-220-10367-4

Ⅰ. ①富… Ⅱ. ①罗… ②莎… ③萧… Ⅲ. ①儿童教育-家庭教育-通俗读物②财务管理-通俗读物 Ⅳ. ① G78-49 ② TS976.15-49

中国版本图书馆 CIP 数据核字（2017）第 230240 号

FUBABA FAXIANNIHAIZIDECAIFUJIYIN

富爸爸发现你孩子的财富基因

〔美〕罗伯特·清崎 〔美〕莎伦·莱希特 著 萧明 译

责任编辑	张春晓
特约编辑	张 芹
封面设计	朱 红
版式设计	乐阅文化
责任印制	聂 敏
出版发行	四川人民出版社（成都市槐树街2号）
网 址	http://www.scpph.com
E-mail	scrmcbs@sina.com
新浪微博	@四川人民出版社
微信公众号	四川人民出版社
发行部业务电话	（028）86259624 86259453
防盗版举报电话	（028）86259624
照 排	北京乐阅文化有限责任公司
印 刷	三河市中晟雅豪印务有限公司
成品尺寸	152mm×215mm 1/32
印 张	9.5
字 数	232 千
版 次	2020 年 4 月第 2 版
印 次	2020 年 4 月第 1 次印刷
书 号	ISBN 978-7-220-10367-4-01
定 价	68.00 元